어린이를 위한

불편한
세계 지리

어린이를 위한

불편한 세계 지리

2024년 11월 12일 초판 발행

지은이 박동한 주은지 인지민 이희진 ǀ **그린이** 양미연

펴낸이 김기옥 ǀ **펴낸곳** 봄나무 ǀ **아동 본부장** 박재성

편집 임은경 ǀ **마케터** 서지운 ǀ **제작** 김형식 ǀ **지원** 고광현

디자인 바나나 크리에이티브 ǀ **인쇄·제본** 민언프린텍

등록 제313-2004-50호(2004년 2월 25일)

주소 121-839 서울시 마포구 양화로11길13(서교동, 강원빌딩 5층)

전화 (02)325-6694 ǀ **팩스** (02)707-0198 ǀ **이메일** info@hansmedia.com

봄나무 인스타그램 https://www.instagram.com/_bomnamu

도서주문 한즈미디어(주)•121-839 서울시 마포구 양화로11길13(서교동, 강원빌딩 5층)

전화 (02)707-0337 ǀ **팩스** (02)707-0198

ISBN 979-11-5613-224-0 (73980)

어린이를 위한
불편한
세계 지리

글쓴이 박동한 주은지 인지민 이희진 | 그린이 양미연

왜 세상은 늘 싸우는가?

봄나무

세상을 올바르게 바라보는 지리의 힘!

　지리는 지구상에 나타나는 다양한 기후, 지형, 문화, 도시, 교통, 인구 등을 공부하는 과목이에요. 그래서 여러분이 이미 알고 있거나, 무심코 지나칠지도 모르는 땅 위의 모든 일이 바로 지리에서 연구하고 배우는 내용입니다. 여러분이 이 책을 읽고 나면 지리가 우리 삶에 얼마나 많은 영향을 끼치는지 알 수 있을 거예요. 그만큼 지리를 알게 되면 여러분이 바라보는 세상이 조금 더 넓어지고 깊어질 수 있답니다.

　오늘날 우리는 뉴스나 인터넷 매체를 통해 쏟아지는 정보의 홍수 속에 살아가고 있어요. 세계 곳곳에서 일어난 사건 사고를 실시간으

로 알 수도 있고, 심지어 내가 하고 있는 일을 지구 반대편에 살고 있는 친구에게 그때그때 소개하고 소통할 수도 있죠.

하지만 우리에게 전해지는 수많은 소식들이 과연 '사실일까?'라는 의문을 품어 본 적이 있나요? 누군가가 전해 주는 메시지를 너무 당연하게 받아들이진 않았을까요?

예를 들어 '봄이'와 '나무' 사이에 갈등이 생겼습니다. 그때 평소 봄이와 가까이 지내던 친구가 두 사람의 갈등에 대해 주변 사람에게 이야기해요. 자신이 평소 아끼던 친구의 입장을 조금 더 대변하면서요. 그럼 사람들이 모두 봄이가 겪은 어려움과 고통을 생각하며 나무에 대해 부정적인 생각을 할 수 있지요.

　그런데 나무에게도 이야기를 들어 보니 기존에 자신들이 알던 것과
는 완전히 다른 이야기였어요. 두 사람의 이야기 모두를 들어 보니 오
히려 나무가 힘들었단 생각이 들 정도예요. 만약 봄이 친구가 했던 이
야기만 곧이곧대로 믿었더라면 애꿎은 나무만 피해를 입을 뻔했네요.

　우리는 세계 곳곳에서 분쟁이 일어나는 것을 보고 있고, 여러 나
라들이 갈등을 겪으며 자신들만의 방식으로 대처하는 모습을 지켜보
고 있어요. 하지만 그 갈등이 왜 발생했는지, 각자의 입장은 어떤지
에 대해 궁금해하기보다는 자극적으로 포장되어 전해지는 뉴스에 몰
입하지요.

　이 책은 여러분에게 세상에 일어나는 많은 일을 있는 그대로 받
아들이기보다는 지리적 지식을 바탕으로 비판적으로 생각하고, 스
스로 생각하고 의사결정을 내릴 수 있는 힘을 키워 주기 위해 만들
었답니다.

　어떤 현상이나 문제를 대했을 때 결과를 아는 것으로 그치는 것이
아니라 그 현상이나 문제가 왜 발생했는지, 그리고 그것이 지금 우리
의 삶에 어떻게 연결되어 있는지 알 수
있게 말이죠.

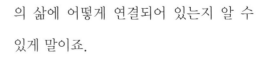

여러분이 어느 한쪽에 치우치지 않고 세상을 바라볼 수 있다면, 우리 사회는 더 나은 방향으로 발전할 수 있을 거예요. 타인의 고통을 외면하지 않고 세상을 올바르게 바라보며 문제를 해결할 수 있는 세계시민의 힘이 여러분에게 필요합니다.

그 이유는 앞으로 세상을 이끌어 나갈 주인공이 바로 여러분이기 때문이죠! 이 책의 마지막 페이지를 읽고 덮을 때쯤, 인류에 공헌할 위대한 리더의 탄생을 스스로 목격하길 바랍니다.

차례

I 아시아

② 유럽

③ 오세아니아

⑥ 남아메리카

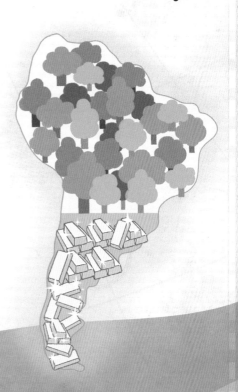

1.아시아

세계에서 인구가 가장 많은 인도는 왜 중국처럼 발전하지 못했을까?

2023년 4월 19일. 유엔 세계 인구 발표에서 세계 인구 1위 국가가 뒤바뀌었습니다. 14억 2,800명의 인도가 14억 2,500만 명의 중국을 앞서게 된 역사적인 날이었죠. 우리나라 인구가 약 5,000만 명 정도 되니 14억 이상의 인도와 중국이 얼마나 많은 인구를 가진 나라인지 실감할 수 있을 거예요.

인도는 단순히 세계에서 인구가 가장 많은 나라일 뿐만 아니라 인구의 절반 정도가 30세 미만의

순위	국가/영토	인구(명)
-	전세계	80억 4,500만
1	인도	14억 2,863만
2	중국	14억 2,567만
3	미국	3억 3,997만
4	인도네시아	2억 7,753만
5	파키스탄	2억 4,048만
6	나이지리아	2억 2,380만
7	브라질	2억 1,642만
8	방글라데시	1억 7,295만
9	러시아	1억 4,444만
10	멕시코	1억 2,845만
11	에티오피아	1억 2,652만
12	일본	1억 2,329만
⋮	⋮	
29	대한민국	5천 178만
⋮	⋮	
56	북한	2천 616만

2023년 세계 인구 현황.

젊은 사람들로 구성되어 있다고 하니 앞으로 인도의 발전은 상상할 수 없을 만큼 빠르게 진행될 겁니다. 어쩌면 세계에서 가장 빠르게 성장하는 국가가 될 수도 있겠죠. 인도는 세계 인구의 약 5분의 1을 가진 나라가 되었고, 유럽이나 아프리카는 물론 아메리카 대륙 전체 인구보다도 인구가 많은 나라입니다.

　마찬가지로 중국도 그런 상황이죠. 하지만 중국은 세계 경제를 이끌어 나가는 나라가 되었는데 똑같이 인구 대국인 인도는 왜 중국처럼 발전하지 못했을까요? 중국이 성장하는 데 있어 세계에서 가장 많았던 인구가 결정적인 영향을 끼쳤다라고 한다면, 왜 인도는 그 많은 인구를 두고도 성장하는 데 어려움을 겪었을까요?

　세계에서 네 번째로 넓은 땅을 가진 중국과 일곱 번째로 넓은 땅을 가진 인도는 같은 아시아에 위치해 지리적으로 크게 다를 바 없어 보이지만 사실 두

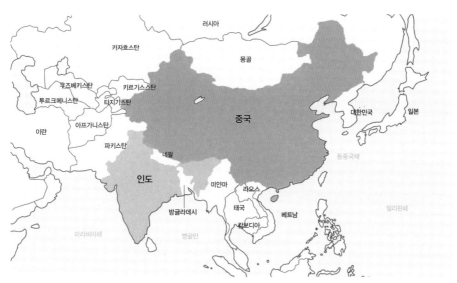

넓은 땅을 가졌지만 지리적 특성으로 다른 역사를 가지게 된 중국과 인도.

국가의 지리적 특성은 매우 다릅니다. 어쩌면 그런 지리적 특성 때문에 두 나라의 운명은 달라졌다고 볼 수 있겠죠. 중국은 동쪽의 드넓은 평야뿐만 아니라 황허강, 양쯔강과 같은 큰 강이 있어 예전부터 지역 간 교류가 활발했고, 이로 인해 통일된 왕조가 지속적으로 나올 수 있었어요.

드넓은 땅이 하나로 통일되어 있다는 것은 공통의 생각을 가진 사람들이 살아가고 있다는 뜻이죠. 그래서 수많은 나라의 침입을 받았음에도 중국은 유럽처럼 다양한 국가로 나누어지지 않고 하나의 정체성을 가지게 되었답니다. 여전히 중국이 하나의 중국을 강조하는 것도 하나로 뭉쳐진 국가가 얼마나 위대한 힘을 가지는지 잘 알고 있기 때문이죠.

반면 인도는 높고 거친 산지와 고지대를 가진 나라로 지역 간 교류가 쉽지 않았어요. 그 때문에 예전부터 다양한 문화와 언어가 발달했고 심지어 종교도 다양하게 나타나죠. 이런 지리적 특성 때문에 인도는 중국처럼 통일 왕조가 나올 수가 없었고 과거 인

다양한 언어를 사용하는 인도.

도의 영역이었던 파키스탄과 방글라데시는 지금은 완전히 다른 나라가 되었어요. 오히려 현재의 인도 통합에는 영국의 식민 지배 시기 영향을 많이 받았을 정도입니다. 지금 인도에서는 16개의 언어가 공식적으로 사용되고 있을 정도로 겉으로는 통합되어 보이지만 여러 조각의 퍼즐처럼 나누어져 있는 것이 현실이죠.

국가의 발전을 위해 같은 목표를 가지고 나아가기에는 너무 다양한 생각을 가진 인도인들이 걸림돌이 될 수밖에 없었습니다.

첫 시작부터 중국을 넘어서기가 어려웠던 인도는 산업화 시기에도 지리적 영향에 의해 그 격차가 벌어지게 됩니다. 중국 땅에는 석탄, 석유, 광물 자원이 많았기 때문에 제조업을 통한 경제 성장이 쉬웠죠. 외국에서 수입하지 않고 자신들이 가진 것을 활용해 제품을 생산하고 산업을 발전시키니 그만큼 비용이 적게 들어 빠르게 성장할 수 있었어요.

반면 인도는 산악 지대가 많고 지하자원이 풍부하지 않았어요. 그래서 처음부터 산업 발전과 경제 성장에 어려움을 겪을 수밖에 없었죠. 물론 지금은 외국에서 수입한 다양한 자원을 바탕으로 경제 성장이 이루어지고 있지만 이미 시작점부터 달랐던 두 나라였기에 지금의 중국과 인도는 큰 차이를 보이고 있답니다.

뿐만 아니라 똑같이 긴 해안선을 가지고 있는 두 나라였지만 바다를 잘 활용한 중국은 국제 교류를

활발히 했고 이는 경제 성장에 큰 영향을 끼쳤어요. 반면 인도는 긴 해안선을 가지고서도 바다를 활용하지 못해 외국과의 교류가 적을 수밖에 없었죠. 어쩌면 인도는 자신들이 가진 지리적 이점을 잘 이용하지 못해 발전이 느렸다고 볼 수도 있어요. 과연 지리적 조건으로 중국을 넘어설 수 없는 운명을 지닌 인도는 지리의 약점을 어떻게 이겨낼 수 있을까요? 그들에게도 분명 세계를 이끌어 나갈 힘이 있지 않을까요?

언론에서는 2027년이면 인도가 독일과 일본을 누르고 세계에서 세 번째로 국내총생산(GDP)이 높은 나라가 될 것이라고 예측하고 있습니다. 심지어 지금과 같은 성장 속도면 10년 후에 중국도 추월할 수 있다고 합니다. 인도는 지리

현대식 캠퍼스와 수준 높은 교육 과정을 자랑하는 인도공과대학 델리 캠퍼스(홈페이지).

적 불리함을 어떻게 이겨내고 성장했을까요?

인도가 빠른 속도로 성장할 수 있는 동력 중 하나는 바로 교육입니다. 인도는 수학, 과학, 공학 교육 분야에 엄청난 투자를 했고 인도공과대학(IIT)은 이제 세계에서 가장 우수한 인재들이 양성되는 곳으로 바뀌었습니다.

인도공과대학은 세계적 수준의 공학 교육을 제공하고 국제적으로 경쟁력 있는 인재를 키우고 있죠. 현재 세계를 이끌어 나가는 첨단 산업의 중심인 실리콘밸리에서 인도 사람들이 많이 보이는 것도 이 때문이죠. 인도 사람들이 없으면 첨단 산업이 휘청거린다고 할 정도이니 인도 교육이 만들어 낸 인재들이 앞으로 인도 발전을 이끌어 나갈 수 있을 거예요. 또 지리적으로 지역을 단절시키고 문화를 다양하게 만들었던 것이 지금은 오히려 다양한 관점을 통해 혁신과 창조를 만들어 내는 상황이 되었어요.

기존에 없던 것을 만들어 내고, 기존에 있던 것을 더 발전시키는 힘은 다양한 사람들의 머리에서 나오는 창의적인 생각으로만 가능한 일이니까요. 오히려 인도가 지리적 불리함을 긍정적인 요소로 이끌어 낸 거죠. 하지만 인도가 더욱 큰 성장을 하기 위해 극복해야 할 한 가지가 남아 있어요. 그것은 바로 인도의 신분 제도인 카스트입니다.

카스트 제도는 무려 2,000년의 역사를 지닌 제도로 이미 오래전 법적으로 금지되었지만 여전히 인도에서는 가장 중요한 사회 제도 중 하나입니다. 인도를 대표하는 두 인물인 간디와 석가모니도 카스트 제도 앞에서는 두 손 두 발을 들 수밖에 없을 정도였죠. 카스트 제도는 네 개의 계급으로 나뉘는데 전체 인구 중 약 7%에 해당하는 브라만 계급이 가장 높고, 그 다음으로 크샤트

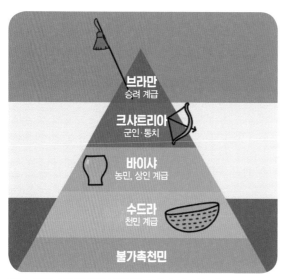
인도 사람들의 인생을 결정하는 계급 제도인 카스트.

리야, 바이샤, 마지막으로 20% 이상의 수드라 계급으로 나누어집니다.

수드라는 흔히 노예 계급이라고도 하지요. 하지만 이 카스트 제도 안에서 계급으로도 포함되지 않는 15%의 인구가 있는데 이들을 불가촉천민이라고 하며 사실상 인간으로서의 대접을 받지도 못하고 있답니다. 이 뿌리 깊은 신분 제도는 더 낮은 계급의 사람들에 대한 차별과 다양한 제한을 만들어 내고, 결국 인도 사회의 통합과 성장을 막는 하나의 장애물이 되었어요. 아무리 인도가 성장할 수 있는 힘이 많다고 하더라도 카스트 제도를 해결하지 않고서는 완전한 의미의 경제 대국으로 성장할 순 없을 겁니다.

지리의 불리함 속에 숨어 있던 인도 사회의 문제점은 어쩌면 인도의 경제 성장보다 국민들의 행복과 삶의 만족에 영향을 끼치고 있었을 거예요. 경제적으로 잘사는 것만큼 행복하게 잘사는 것이 인도에겐 필요하지 않을까요? 어쩌면 우리에게도 적용되는 이야기인지 모르겠네요.

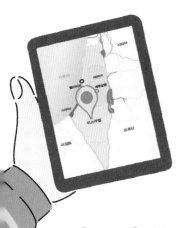

영국은 왜 이스라엘과 팔레스타인의 불편한 동거를 허락했을까?

2023년 10월 7일. 팔레스타인이 이스라엘에 기습 공격을 감행합니다. 하마스라 불리는 세력은 이스라엘로 침투해 민간인 수백 명을 살해하고 일부는 인질로 잡아 그들이 살고 있는 지역으로 끌고 갔어요. 이후 베냐민 네타냐후 이스라엘 총리는 공식적으로 두 국가 간 전쟁을 선언하고 본격적인 무력 충돌이 발생하게 됩니다. 하지만 이 분쟁은 언젠가는 터졌어야 할 시한폭탄 같은 존재였어요.

하나의 땅을 두고 두 나라가 서로 주인이라고 주장하고 있으니

땅 문제로 끊임없는 분쟁을 일으키고 있는 이스라엘과 팔레스타인.

언젠가는 진짜 주인을 가려야 했기 때문이죠. 28,247㎢, 한반도의 약 1/3 정도의 작은 땅에서 세계에서 가장 잔인하고 격렬한 전쟁이 일어나고 있습니다.

이곳의 인구는 865만 명으로 우리나라 서울보다 약 150만 명 적은 인구를 가지고 있는 작은 나라이죠. 이 두 나라의 운명이 하루아침에 바뀐 것이 고작 편지 한 통으로부터 시작되었다고 하면 믿을 수 있나요? 과연 그 편지에는 어떤 내용이 담겨 있었을까요?

전쟁이 끊이지 않는 이스라엘 가자지구.

본 정부는 팔레스타인에 유대인의 민족적 고향을 세우는 것을 지지하며, 이를 성취하는 데 최선의 노력을 기울이는 한편, 팔레스타인에 존재하는 비유대인의 시민적 그리고 종교적인 권한에 대해, 또는 타국에서 유대인들이 누리는 권리와 정치적 지위를 침해하는 어떠한 일도 해서는 안 된다는 점을 분명히 이해하고 있습니다.

짧은 편지의 핵심은 유대인이 팔레스타인 사람들이 살고 있는 땅에 나라를 세우는 것을 허락한다는 내용입니다. 이 편지를 보낸 나라는 도대체 어디일까요? 왜 그들은 팔레스타인 사람들이 살고 있던 땅을 마음대로 유대인들에게 내어준 것일까요?

이 상황을 이해하기 위해선 먼 과거로 되돌아가야 합니다. 예루살렘을 통치하고 있던 로마 제국은 세금을 거두는 과정에서 유대인들과 갈등을 겪게 되었고, 종교적인 이유까지 합쳐져 유대인들이 독립을 원하는 목소리가 커지자 예루살렘에서 유대인들이 거주하는 것을 금지하게 됩니다.

이에 맞선 유대인들의 강력한 반대에도 로마 제국은 더욱 강한 통치를 선택하며 유대인들을 쫓아내게 되죠. 세 번의 큰 싸움 끝에 로마 제국은 유대인들을 죽이고, 예루살렘 이름을 아일리아 카피톨리나로 바꾸어 버렸어요. 심지어 예루살렘에서 유대인들이 믿던 종교를 금지합니다.

로마 제국의 강력한 힘에 못 이긴 유대인들은 어쩔 수 없이 아시아로, 유럽으로 살 곳을 찾아 흩어지는데 이것을 '디아스포라(Diaspora)'라고 불러요. 이후

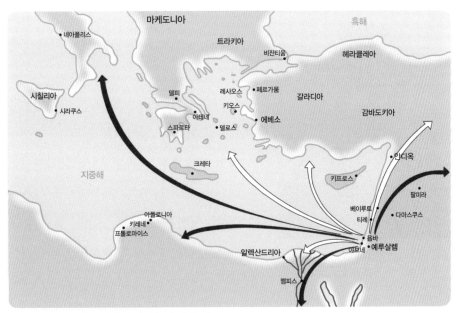

로마 제국에 의해 쫓겨난 유대인들의 이동 경로.

로마 제국에 의해 쫓겨난 유대인들의 땅인 예루살렘에 아랍인들이 모여들기 시작합니다. 그리고 자연스럽게 그들이 믿는 종교인 이슬람교를 중심으로 새로운 문화가 꽃을 피우게 되죠.

평온하게 삶을 살아가던 아랍인들과 달리 유대인들은 계속해서 어려움을 겪었지만 유대인들은 특유의 능력을 바탕으로 세계 각지에서 성공을 거두었습니다. 19세기 말에는 금융 분야에서 세계를 호령하는 강력한 힘까지 얻게 되죠. 그러나 이런 성공을 질투하는 사람들이 유대인들의 성공에 흠집을 내기 시작하고 곧이어 유럽 전역으로 유대인을 반대하는 운동이 일어나게 되었어요.

러시아에서 힘없는 농민을 위해 싸우던 알렉산드르 2세가 암살되자 유대인 중 한 사람이 암살에 관여했다는 소문이 퍼지게 되었고, 이를 믿은 사람들이 200여 개가 넘는 마을의 유대인을 공격하기도 했어요. 유대인 대학살은 결국 러시아 전역으로 퍼졌죠.

비슷한 시기에 프랑스에서도 유대인들을 향한 반대 운동이 일어나게 됩니다. 전쟁에서 패한 프랑스는 패배한 전쟁의 희생양이 필요했고, 그 선택은 유대인 알프레드 드레퓌스 장교였어요. 그에게 스파이 혐의를 씌우자 프랑스 전역에서 유대인들을 반대하는 운동이 벌어졌고 결국 유대인들은 러시아에서도, 유럽에서도 설 자리를 잃어버렸어요.

알프레드 드레퓌스 장교
드레퓌스는 1894년 독일에 군사 기밀 서류를 팔아넘긴 혐의로 체포되어 종신형을 받았다. 재심을 둘러싸고 당시 프랑스 사회는 양대 파벌이 생겼다.

계속해서 공격받고, 미움받던 유대인들은 자신들을 지켜줄 따뜻한 사람과 공간이 필요했고, 그들의 조상들이 살았던 땅 팔레스타인에 다시 한번 나라를 건설해야 한다는 운동이 벌어지기 시작했어요.

유대인들이 고향으로 돌아가려고 마음을 먹은 순간 제1차 세계 대전이 터지게 되었어요. 하지만 이 전쟁이 조상의 땅을 찾길 희망하던 유대인들에게 희망을 선물합니다. 당시 팔레스타인을 지배하던 오스만 제국이 제1차 세계 대전에서 독일 측 동맹국으로 참전하게 되었던 것이죠. 오스만 제국과 적으로 전쟁에 맞서던 영국이 이 상황을 이용하기 위해 유대인들에게 편지를 보내게 됩니다. 그 내용이 바로 유대인들의 나라를 만드는 것을 허락한다는 '벨푸어 선언'입니다.

문제는 2년 전 영국은 이미 팔레스타인 사람들에게도 약속을 했어요. '오스

영국 외교장관 아서 밸푸어가 유대계 유력 인사 월터 로스차일드에게 보내는 서신.

만 제국에 대항해서 싸우는 아랍인들에게 독립을 선사하겠다.'고 말한 거죠. 팔레스타인에게는 독립을, 유대인들에게는 새로운 나라를 세우는 이중 약속을 해버린 것입니다.

전쟁이 끝나고 영국은 이 두 가지 약속 중 무엇을 지켜야 할지 선택의 기로에 서게 됩니다. 그리고 결국 유대인들이 그들 조상의 땅에 나라를 세우는 것을 선택하게 되죠. 거기에다 히틀러마저 나타나 유대인들을 제거하기 위해 힘쓰면서 유럽에 흩어져 있던 유대인들은 더욱더 조상의 땅인 예루살렘으로 모여들게 됩니다.

유럽에서 차별과 공격에 지쳐 있던 유대인들은 나라를 세워 강한 힘을 가져야 한다는 믿음이 더욱 강해지게 되었고, 국가를 건설하는 데 열망이 커지

다 보니 결국 그곳에 살고 있던 팔레스타인 사람들과 더욱 갈등을 겪을 수밖에 없었어요. 이를 지켜보던 팔레스타인 사람들은 영국을 향해 강력하게 항의했고, 3년이나 이어진 항의에 위협을 느낀 영국은 다시 한번 자신들의 약속을 뒤집어 버려요. 팔레스타인의 독립을 인정하고 유대인들이 예루살렘으로 들어오는 것을 금지시켰죠.

이에 질세라 이번에는 유대인들이 영국을 향해 테러를 감행했어요. 무려 91명의 목숨을 빼앗아간 테러로 인해 결국 영국은 예루살렘 문제에 손을 떼겠다고 선언을 하고, 유엔에게 모든 권한을 넘겨 버렸어요. 결국 책임을 넘겨받은 유엔은 당장의 혼란을 벗어나기 위해 팔레스타인을 아랍 국가와 유대인 국가로 나누는 것을 선택하고 각자의 국가로 독립하는 것을 인정하게 됩니다.

문제는 그 땅을 팔레스타인 사람들이 무려 93%나 소유하고 있었지만 오히려 유대인들에게 56%를 나누어 주게 된 것입니다. 팔레스타인은 또다시 반대를 위해 목소리를 높였지만 유대인들은 공식적으로 조상의 땅에 나라를 세우는 승인을 받게 되었습니다.

결국 1948년 5월 14일, 유엔이 두 국가를 나누는 것에 찬성해 유대인들은 이스라엘이라는 나라를 세우는 것에 다다르게 됩니다. 제1차 중동전쟁이 바로 이 결정에 아랍인들이 반대하면서 일어난 사건이에요. 3차 중동전쟁까지 이어지는 과정엔 오히려 유대인들의 기세가 강해지며 근처 요르단으로부터 서안지구, 시리아로부터 골란 고원, 이집트로부터 가자지구와 시나이반도까지 획득하게 됩니다. 그리고 이때부터 유대인과 팔레스타인 사람들의 불편한 동거가 시작되었습니다.

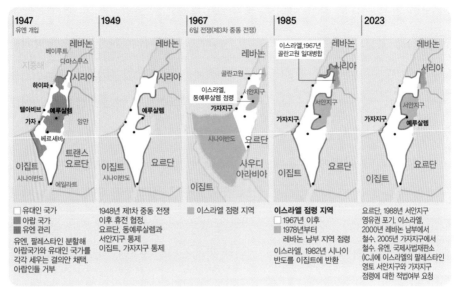

1947 유엔 개입	1949	1967 6일 전쟁(제3차 중동 전쟁)	1985	2023
☐ 유대인 국가 ■ 아랍 국가 ■ 유엔 관리 유엔, 팔레스타인 분할해 아랍국가와 유대인 국가를 각각 세우는 결의안 채택. 아랍인들 거부	1948년 제1차 중동 전쟁 이후 휴전 협정. 요르단, 동예루살렘과 서안지구 통제 이집트, 가자지구 통제	■ 이스라엘 점령 지역	**이스라엘 점령 지역** ☐ 1967년 이후 ■ 1978년부터 　 레바논 남부 지역 점령 이스라엘, 1982년 시나이 반도를 이집트에 반환	요르단, 1988년 서안지구 영유권 포기. 이스라엘, 2000년 레바논 남부에서 철수. 2005년 가자지구에서 철수. 유엔, 국제사법재판소 (ICJ)에 이스라엘의 팔레스타인 영토 서안지구와 가자지구 점령에 대한 적법여부 요청

이스라엘 영토 분쟁사.

　짧은 시간 동안 두 국가가 함께 공존하기 위해 노력했지만 말 그대로 아주 짧은 시간 이어진 평화에 불과했어요. 그리고 그 분쟁의 불씨가 지금까지 이어지고, 결국 두 나라는 전쟁의 길에 들어서게 됩니다.

　영국의 두 가지 약속이 두 나라 사이를 완전히 갈라 놓게 되었다는 점만큼이나, 전쟁터에서 일상을 보내는 일반 시민들의 죽음이 안타깝게 여겨집니다. 영국의 무책임한 약속이 없었더라면, 지금쯤 그 땅에는 웃음과 행복이 찾아오지 않았을까요?

인도와 파키스탄은 왜 매일 저녁 발차기 대결을 할까?

여러분은 '국경'이라는 말을 들으면 가장 먼저 어떤 모습이 떠오르나요?

사람들이 함부로 드나들지 못하게 막은 높다란 벽, 무장을 한 채 나라를 지키는 군인, 혹은 유럽 내 자유롭게 오갈 수 있는 국경 마을 등 전 세계에는 다양한 국경의 모습이 존재해요. 특히나 우리나라와 북한의 접경 지역에서는 더욱 긴장감이 감도는 분위기를 느낄 수 있지요. 우리나라 사람들은 대부분 '국경'이라는 단어를 보고 군인들의 살벌한 경비, 이념 차이로 인한 팽팽한 긴장감, 민간인 출입 통제선 앞 검문소를 떠올릴 거예요.

그런데 이곳 인도와 파키스탄에서는 좀 더 특별한 모습의 국경을 만나 볼 수 있답니다. 바로 국경 지대에서 펼쳐지는 '와가보더 국기 하강식'이에요. 우리나라에서는 찾아볼 수 없는 독특한 문화이죠. 와가보더 국기 하강식을 통해 두 나라 사이의 오래된 지리적 갈등과 최근의 모습까지 알아볼까요?

와가보더 국기 하강식은 인도와 파키스탄의 국경인 펀자브 주에서 열리는 의식으로, 댄스, 응원, 달리기, 발차기 등을 하며 두 나라가 대결하는 모습을 재현한 의식입니다. 매일 저녁이 되면 국경 문을 닫기 전 인도와 파키스탄의 국기를 내리며 관중들을 위한 의식을 진행해요. 우리나라로 치면 판문점과 같은 장소인 와가-아타리 국경 검문소에서 매일 저녁이 되면 양 국가의 군인들이 화려하게 차려입고 서로 높이 발을 들어올리며 자존심 대결을 하는 모습을 구경할 수 있어요.

우리 눈에는 생소해 보일지라도 두 국가에게는 자존심이 걸릴 만큼 매우 진지하고 엄숙한 의식이에요. 두 나라는 어쩌다 국기 하강식을 치르며 지금까지도 갈등을 겪고 있을까요?

인도와 파키스탄은 본래 하나의 국가로, 한때 영국이 이 지역을 지배하고 있었어요. 1947년에 영국으로부터 독립하는 과정에서 인도는 종교에 따라 두 국가로 갈라서기로 결정했지요. 그 결과, 우리가 지금 알고 있는 바와 같이 힌두교를 믿는 인도와 이슬람교를 믿는 파키스탄으로 나누어지게 되었어요. 그러나 종교에 따라 지역별로 분리 독립을 실시한다는 계획은 예상대로 잘 흘러가지 않았어요.

이곳에 살고 있는 사람들을 힌두교와 이슬람교 두 가지로 구분 짓기 어려웠을 뿐만 아니라 독립까지 걸린 시간이 짧아 미처 자신의 종교에 맞는 땅으로 이동하지 못한 사람들도 있었어요. 이 과정에서 엄청난 수의 난민과 사상자가 발생하고 각 종교 간의 증오로 인해 종교 갈등은 깊어만 갔습니다.

두 나라 모두에게 상처를 안겨 준 독립 과정은 갈등을 넘어 전쟁으로까지 번졌어요. 계속되는 테러와 전쟁에 민간인들은 피해를 입고, 비슷한 문화를 가진 두 나라이지만 서로를 멀리하고 갈등하는 관계에 놓이게 되었어요. 또한 자신의 종교와 맞는 땅을 찾아 국경을 넘으려는 난민들은 굶주림과 전염병에 고통받기도 했어요.

이러한 역사적 배경을 가진 두 나라가 평화적으로 갈등을 해결하기 위해 치르는 의식이 바로 와가보더 국기 하강식이에요. 1959년부터 65년간 이어지고 있는 이 의식은 기존의 딱딱하고 긴장감 넘치는 국경의 모습이 아닌, 자유로운 분위기를 보여주며 전 세계 사람들에게 평화의 메시지를 전달하고 있어요.

그럼에도 인도와 파키스탄 간의 분쟁은 아직까지 완전히 해결되지 않았어요. 바로 카슈미르 지역을 둘러싼 분쟁 때문이에요. 여전히 인도의 북서부에

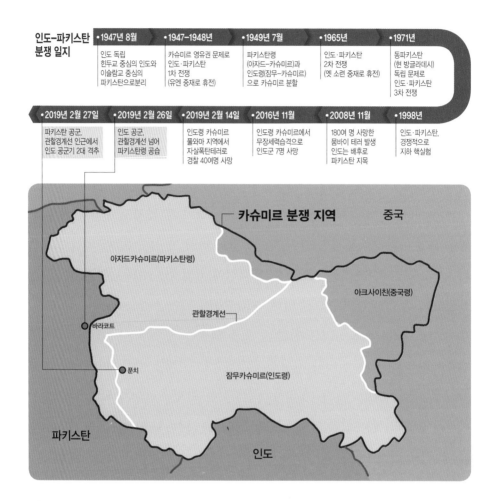

인도-파키스탄
분쟁 일지

• 1947년 8월	• 1947-1948년	• 1949년 7월	• 1965년	• 1971년
인도 독립 힌두교 중심의 인도와 이슬람교 중심의 파키스탄으로 분리	카슈미르 영유권 문제로 인도·파키스탄 1차 전쟁 (유엔 중재로 휴전)	파키스탄령 (아자드-카슈미르)과 인도령(잠무-카슈미르) 으로 카슈미르 분할	인도·파키스탄 2차 전쟁 (옛 소련 중재로 휴전)	동파키스탄 (현 방글라데시) 독립 문제로 인도·파키스탄 3차 전쟁

• 2019년 2월 27일	• 2019년 2월 26일	• 2019년 2월 14일	• 2016년 11월	• 2008년 11월	• 1998년
파키스탄 공군, 관할경계선 인근에서 인도 공군기 2대 격추	인도 공군, 관할경계선 넘어 파키스탄령 공습	인도령 카슈미르 풀와마 지역에서 자살폭탄테러로 경찰 40여명 사망	인도령 카슈미르에서 무장세력습격으로 인도군 7명 사망	180여 명 사망한 뭄바이 테러 발생 인도는 배후로 파키스탄 지목	인도·파키스탄, 경쟁적으로 지하 핵실험

위치한 카슈미르 지역에서는 힌두교도와 이슬람교도 사이의 종교 갈등이 존재
해요. 인도가 영국으로부터 독립하던 시기에 이 지역에서 두 종교 간의 갈등
이 발생하였고, 이 갈등은 현재까지 영토 분쟁으로 이어지게 되었어요.

예로부터 카슈미르 지역은 힌두교와 이슬람교의 분쟁이라 하면 가장 대표
적으로 떠오르는 지역이에요. 1947년에 인도와 파키스탄이 분리 독립한 이후

카슈미르 지역은 인도에 속할지, 파키스탄에 속할지 결정해야 할 필요가 생겼어요. 절대적인 인구수를 비교하자면 카슈미르 지역 사람들 중 이슬람교도의 수가 훨씬 많아요. 따라서 이 지역은 파키스탄에 속할 것 같았지만 이곳을 지배하고 있던 소수의 지배층이 힌두교를 믿던 까닭에 두 종교 간의 갈등이 발생하게 되었어요.

이 과정에서 두 나라 중 어디에 속할지를 두고 소수의 힌두교도와 다수의 이슬람교도 사이에 분쟁이 발생했어요. 카슈미르 지역을 둘러싼 인도와 파키스탄 간의 전쟁은 총 세 차례 발생하였는데, 그 중에서도 제1차 인도 · 파키스탄 전쟁에서 두 국가 간의 종교 갈등이 가장 극심하게 나타났어요. 영국으로부터 독립 전 인도 제국에는 영국의 직접 통치를 받지 않던 565개 이상의 번왕국이 존재했는데, 독립하는 과정에서 힌두교도였던 카슈미르 지방의 왕이 권력을 이용하여 이 지역을 인도에 넣고자 했어요.

그러나 국민의 대부분은 이슬람교를 믿고 있었기에 파키스탄으로의 귀속을 바랐지요. 갈등 속에서 국민이 일으킨 반란은 파키스탄과 인도의 군사 충돌로까지 번졌어요. 제1차 인도 · 파키스탄 전쟁은 1948년 국제 연합의 중재로 마무리되었지만 전쟁의 결과로 카슈미르 지역은 두 개로 쪼개어져 인도와 파키스탄의 영토로 각각 분리되었지요.

오늘날 카슈미르 지역의 모습은 어떤지 살펴볼까요? 카슈미르는 인도 북서부에서 파키스탄 북동부까지 펼쳐진 지역으로, 대부분이 산악 지형으로 이루어져 있어요. 인도령인 잠무카슈미르에는 약 772만 명이, 파키스탄령인 아자드카슈미르에는 약 160만 명의 주민들이 살고 있지요. 두 지역 외에 1962년에

오늘날 카슈미르 지역.

다시 한번 이 지역은 분쟁을 겪게 되었는데, 중국과 인도 간의 국경 분쟁으로 인해 아크사이친 지방이 떨어져 나와 중국령이 되었어요.

카슈미르 지역은 인도와 파키스탄 모두에게 중요한 전략적 요충지예요. 파키스탄의 입장에서는 자국으로 흐르는 하천이 이 지역을 통과하기에 물 확보를 위해 반드시 지켜야 하는 지역이죠. 인도 입장에서는 카슈미르 지역이 중국과 접경을 맞대고 있기 때문에 정치적으로 중요해요.

20세기 후반에 이르러 카슈미르 지역은 평화를 되찾는 듯하였으나, 21세기까지도 크고 작은 무력 충돌이 발생하고 있어요. 이슬람교와 힌두교 사이의 계속되는 갈등이 해결되지 않은 채 영토 분쟁으로 번졌고, 이는 이곳에 살고 있는 주민들에게 큰 고통을 안겨 주고 있어요.

이곳은 평화를 위한 양국과 세계의 노력에도 아직까지 많은 난민과 민간인들의 피해가 극심한 지역이에요. 와가보더 국기 하강식에서 엿보았던 평화의 메시지처럼 카슈미르 지역에도 평화가 찾아오면 좋겠어요.

왜 이란의 가장 강력한 무기는
호르무즈 해협이 되었을까?

우리나라는 석유 한 방울 나지 않는 나라라 알려져 있지만 우리의 일상 생활에서 석유는 꼭 필요한 자원이에요. 아마 석유가 없다면 여러분의 생활은 크게 바뀔지도 몰라요. 자동차를 타기 위해서, 난방을 하기 위해서, 플라스틱과 옷을 만들기 위해서는 반드시 석유가 필요하답니다. 그렇다면 우리의 생활에 없어서는 안 될 석유는 과연 어디서 오는 걸까요?

우리나라는 주로 서남아시아에 위치한 사우디아라비아, 쿠웨이트, 아랍에미리트 등의 국가에서 석유를 수입하고 있어요. 실제로 서남아시아 지역에서만 전 세계 석유의 3분의 1이 생산되지요. 그런데 이들 나라에서 생산한 석유를 다른 나라로 이동시키기 위해서는 반드시 거쳐야 하는 곳이 있어요. 바로 페르시아만과 오만만 사이에 위치한 호르무즈 해협이에요. 한눈에 보기에도 좁은 바닷길인 이곳에서 석유를 둘러싸고 어떠한 일들이 일어나고 있는지 알아볼까요?

해협은 육지와 육지 사이에 끼어 있는 좁고 긴 바다를 뜻하는 말이에요. 우리나라와 일본 사이에도 대한 해협이라 부르는 좁은 바다가 있지요. 이외에도 말라카 해협, 영국 해협, 지브롤터 해협 등 세계적으로 유명한 해협들이 있어요. 서남아시아의 페르시아만 근처에는 '호르무즈'라고 불리는 이란의 작은 섬이 위치하는데, 이 섬의 이름을 따 이곳을 '호르무즈 해협'이라고 불러요.

페르시아만과 오만만 사이에 위치한 호르무즈 해협.

호르무즈 해협의 폭은 약 50km로, 사우디아라비아, 쿠웨이트, 아랍에미리트, 카타르 등 석유 생산량이 많은 국가가 원유를 다른 곳으로 보내기 위해 통과하는 중요한 길로 이용돼요. 서남아시아 국가들이 인도양으로 진출하기 위해서는 좁은 바닷길을 거쳐야 하기 때문이지요. 페르시아만을 지나 해상 교통로로 운송되는 원유는 호르무즈 해협을 통해서만 더 큰 바다로 나아갈 수 있어요.

그렇다 보니 예로부터 호르무즈 해협은 국제적으로 중요한 길목으로 알려졌어요. 전 세계 원유의 약 35%가 지나다니는 호르무즈 해협은 서남아시아에서 생산된 원유를 우리나라로 들여오기 위한 핵심적인 길이에요. 좁은 바닷길인 이곳 해협에서 전쟁이나 봉쇄 등 국제적인 분쟁이 발생한다면, 세계 석유 이용에도 차질이 생길 뿐만 아니라 우리나라의 석유 가격에도 큰 영향을 미칠 거예요.

실제로 호르무즈 해협에서 국제적인 분쟁이 발생할 때마다 혹은 이란의 봉쇄 언급이 나올 때마다 전 세계 석유 가격이 껑충 뛰어오르는 상황이 나타나요. 호르무즈 해협이 봉쇄되면 이라크, 쿠웨이트, 사우디아라비아, 아랍에미리트가 생산하는 자원을 다른 나라로 수송하는 일이 불가능해져요. 이는 세계적인 에너지 자원 가격을 상승시키고 경기 침체를 불러일으키죠.

호르무즈 해협은 지리적으로 중요한 곳에 위치해 여러 별명을 가지고 있지만 그 중에서도 이곳의 상황을 잘 보여주는 별명은 '중동의 화약고'예요. 다양한 이해관계를 가진 나라들 간 분쟁이나 전쟁이 일어날 위험이 많아 이러한 별명이 붙었어요.

호르무즈 해협의 실질적인 권력을 쥐고 있는 나라는 근처에 위치한 이란이에요. 그리하여 역사적으로 이란과 사이가 나빠질 경우에 호르무즈 해협을 이용하는 데 많은 어려움이 생기게 되었어요. 2011년에 이란이 핵 개발을 하는 것에 대해 오바마 미국 전 대통령이 이란의 원유 수출을 제한한 것이 분쟁의 계기가 되었지요.

최근 이란은 핵무기 개발과 석유 수출이라는 두 가지 목표를 모두 이루기 위해 호르무즈 해협이라는 강력한 비장의 카드를 내놓았어요. 핵무기를 제한하고자 하는 국제 사회의 움직임에 반발하는 움직임이기도 해요. 이란은 미국의 훼방으로 인해 자신들이 원유를 수출하지 못하게 된다면 이 원유를 운반하기 위해 반드시 거쳐야 하는 호르무즈 해협을 차단하겠다고 경고했어요. 미국도 마찬가지로 이에 대항하여 이란에 대한 군사 공격을 할 것이라 밝혔어요. 실제 전쟁으로 이어지지는 않았지만, 이후에도 호르무즈 해협에는 계속하여 긴장감이 맴돌고 있는 상황이에요.

2018년, 또 다시 핵무기 개발을 둘러싸고 미국과 이란이 충돌하며 호르무즈는 다시 한번 분쟁의 장이 되었어요. 미국의 트럼프 전 대통령이 이란 핵합의를 탈퇴하면서 이란에 대해 경제적인 압박을 가하고 다른 국가들에게까지도 이란에서 생산하는 원유를 수입하지 못하도록 했기 때문이죠.

그러자 이란에서는 호르무즈 해협의 통로가 자신들의 결정에 달려 있다고 강조하며 선박 통행에 제한을 두려 했어요. 호르무즈 해협을 지나던 외국 선박을 붙잡거나 미국 유조선에 총격을 가하는 등 실제 군사적 행동으로 옮긴 사례도 있지요.

에너지 자원을 수출하여 돈을 버는 이란이 미국에게 내세울 수 있는 강력한 카드가 호르무즈 해협이기에 이곳의 분쟁이 지속되고 있는 상황이에요. 실제로 해협이 봉쇄되지 않더라도 이란의 발언들로 인해 국제적으로 석유 가격이 크게 흔들리기에 분쟁의 골은 더

⟨자료:대한석유협회⟩

순위	국가	단위(%)
1	사우디아라비아	28.4
2	쿠웨이트	14.0
3	미국	12.7
4	이라크	10.6
5	UAE	7.7
6	카자흐스탄	5.8
7	카타르	5.6
8	멕시코	4.3
9	이란	3.7

(2019년 1~10월 기준)

■ 미국-이란 전면전 발생 시 원유 수급에 영향을 받을 수 있는 호르무즈 해협 인접국

한국에서 수입하는 원유 국가별 비중.

욱 심각해지고 있어요.

이렇듯 이란은 호르무즈 해협을 무기 삼아 바다의 주권을 쥐고 싶어 해요. 석유가 많이 생산되는 서남아시아에 위치해 있다는 지리적 이점과 선박 통행량이 많다는 점을 이용해 호르무즈 해협의 통행권을 하나의 무기로 삼고 있는 셈이지요.

그렇지만 호르무즈 해협이 이란에게 늘 좋은 결과만을 가져다주는 것은 아니에요. 좁은 해협을 앞에 둔 탓에 더 넓은 바다인 대양으로 진출하기 어렵고, 이곳에서 일어나는 여러 분쟁은 미국과의 전쟁으로 이어질 가능성이 있어요. 그래서 호르무즈 해협의 또 다른 별명은 '양날의 검'이에요. 이란은 핵 개발과 관련하여 미국과 갈등이 발생할 때마다 해협 봉쇄를 무기로 계속하여 양날의 검을 휘두르고 있지요. 중요한 것은 이란의 해협 봉쇄 카드가 미국과의 분쟁으로 그치지 않고 우리의 일상에도 영향을 준다는 점이에요.

호르무즈 해협에서의 분쟁은 서남아시아와 멀리 떨어진 우리나라에게 어떤 영향을 줄까요?

무역 의존도가 높은 우리나라로서는 이곳 분쟁 상황에 따라 관련 산업이 영향을 받을 수밖에 없어요. 최근 홍해와 호르무즈 해협에서 군사 분쟁이 다시금 발생하며 우리나라 국적 선박들은 아프리카 항로를 이용해 돌아가는 길을 선택해요. 아프리카를 돌아 유럽으로 향하게 되면 운송 시간이 기존보다 일주일 이상 길어져 운송 비용 또한 늘어나거든요.

모든 석유를 수입하여 이용하는 우리나라 입장에서는 국제적인 석유 가격에 민감하게 반응할 수밖에 없어요. 호르무즈 해협에서 선박이 지나다니기 어

려운 상황이 펼쳐지면 우리나라로 들어오는 석유와 천연가스의 가격이 급격하게 올라요. 이렇게 되면 자동차 연료 가격부터 일상생활의 여러 생필품을 이용하는 데에도 많은 불편이 따르겠죠? 따라서 서남아시아의 국가 간 관계와 호르무즈 해협을 둘러싼 분쟁에 더욱 관심을 가지고 살펴보아야 해요.

중국과 동남아시아 국가 중 메콩강 수도꼭지의 주인이 될 나라는?

우리가 살아가는 데 있어 꼭 필요한 요소에는 무엇이 있을까요? 안전한 집, 맛있는 음식, 따뜻한 옷 등 여러 가지가 있겠지만 그 중에서도 중요한 것은 물이랍니다. 물은 우리 삶에 필수적인 자원 중 하나로, 마시는 용도 이외에도 농사, 물놀이, 관광 등에 이용돼요. 물이 없다면 사람은 며칠 안에 사망할 수도 있기 때문에 마실 물을 공급하는 일이 국가의 중요한 과제이기도 하지요. 그렇다 보니 세계 여러 지역에서는 물을 두고 국가 간 분쟁이 일어나고 있어요.

인구가 많은 중국에서도 물을 얻기 위해 동남아시아 국가들과 한바탕 힘겨루기를 하고 있어요. 중국에서부터 동남아시아에 이르기까지 이 지역을 관통하는 거대한 강인 메콩강이 있기 때문이에요. 과연 이 메콩강의 수도꼭지를 거머쥐고 있는 국가는 누구일까요?

메콩강은 중국의 푸젠하이 고원에서 시작되어 중국, 미얀마, 라오스, 태국(타이), 캄보디아, 베트남을 흐르는 강이에요. 여러 국가들을 걸쳐 흐르는 만큼 그 길이가 어마어마하답니다. 메콩강의 길이는 4,020km로, 우리나라 한강의 길이가 514km인 점을 고려하면 얼마나 긴 강인지 실감이 되나요?

1990년대 초부터 중국에서는 메콩강을 개발하여 수자원을 확보하기 위한 움직임이 활발하게 일어나고 있어요. 인도차이나 반도를 흐르는 메콩강 상류에 댐을 건설하여 부족한 물을 보충하겠다는 것이 중국의 계획이에요. 강물을 낭비하지 않고 사용하기 위해서는 물을 저장해 둘 필요가 있는데, 이것이 바로 댐이 하는 역할이에요.

메콩강에 만들어진 열한 개의 다목적 댐은 중국의 전력 생산, 홍수 통제, 농업용 물 공급 등 다양한 역할을 맡고 있어요.

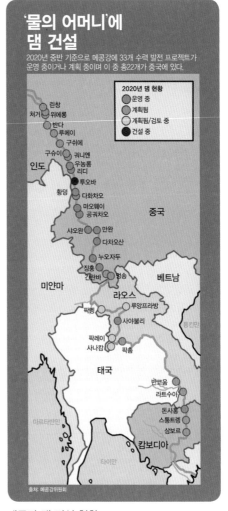

메콩강 댐 건설 현황.

그러나 메콩강은 중국뿐만 아니라 여러 국가를 걸쳐 흐르는 강이기에 국제적인 문제로 떠올랐어요. 중국만 이용하는 강이 아니라 다른 나라들과 함께 사용하는 강인데 중국이 수자원을 혼자 독차지할 우려가 있기 때문이에요. 메콩강과 같이 물줄기가 시작되는 지점이 다른 지역에 있어 외부로부터 오는 하천을 외래 하천이라고 불러요.

중국 이외에도 메콩강의 물을 이용하며 살아가는 국가들은 어디일까요? 메콩강은 중국을 지나 미얀마, 라오스, 태국, 캄보디아, 베트남을 흘러 바다로 나가요. 이 국가들은 우리나라보다 적도에 가까운 저위도에 위치하고 있어요. 적도 근처에 위치해 1년 내내 기온이 높고 비가 많이 내리는 열대 기후가 나타나요. 열대 기후 지역에서는 물을 구하기 쉽고 햇볕이 풍부해 벼농사를 짓기에 유리합니다. 이 때문에 메콩강 주변 지역에서는 강물을 이용하여 농작물을 재배하는 사람들이 많아요.

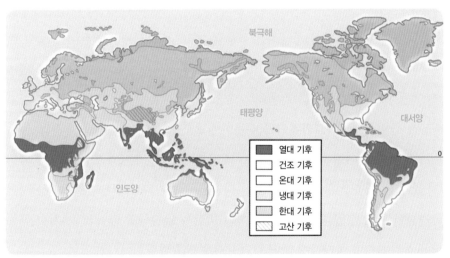

적도 가까운 곳에 위치하면 나타나는 열대 기후.

메콩강은 농사뿐만 아니라 다른 분야에서도 많은 도움을 주고 있어 동남아시아 국가들에게 선물 같은 존재예요. 메콩강에는 다양한 어종들이 서식하여

사람들에게 수산 자원을 공급하는 역할을 해요. 메콩강에서 얻은 수산물로 이곳 사람들은 생계를 이어가고 있어요. 또한 메콩강은 수로 역할도 하고 있어요. 자동차를 통해 물자를 운반하는 것보다 강을 통해 운반하게 되면 시간과 비용을 줄일 수 있어 효과적이기 때문이에요.

동남아시아 여행에서 관광객들이 레저 활동을 즐기는 데도 메콩강이 빠질 수 없어요. 메콩강 주변으로 형성된 다양한 관광지와 자연환경은 동남아시아 국가들이 관광 수입을 벌어들이게 하는 역할을 담당하고 있어요. 이처럼 메콩강은 동남아시아 국가들에게 매우 중요한 존재랍니다.

그렇기에 중국의 댐 건설이 더욱 논쟁거리가 되고 있어요. 과연 댐으로 인해 하류에 위치한 나라들에서는 어떤 문제가 나타날까요?

가장 큰 문제는 댐이 건설되면 당장 이곳 사람들이 마실 물이 부족해진다는 점이에요. 강물의 흐름과 양이 변화하면서 다른 국가들이 사용할 물이 부족해지고, 물을 이용한 식량 생산에도 큰 영향을 끼치게 돼요. 동남아시아에서는 열대 기후인 점을 활용하여 1년에 쌀을 두 번, 세 번씩 생산할 수 있는데, 벼농사에 필수적인 물이라는 자원이 사라지면 쌀 생산량이 줄어들 수밖에 없어요. 이는 농업을 주로 하여 생계를 이어가는 국가 경제에 큰 타격을 줘요.

이외에도 다양한 환경 문제들이 나타나고 있어요. 댐을 통해 상류에서 물을 가두게 되면 자연스레 하류에 흐르는 물의 양이 적어지게 되는데, 이 때문에 하류에 위치한 국가들에서도 댐을 만들고자 하는 움직임을 보이고 있어요.

라오스와 캄보디아에서는 이미 국민들의 용수 확보를 위해 댐을 만들었어요. 베트남과 태국도 물이 부족하여 둑을 쌓아 물을 저장해 두고 있어요. 각국에서 마실 물을 비축하기 위해 메콩강의 흐름을 인위적으로 변화시키는 행동은 환경 파괴를 불러일으킬 우려가 있어요.

한 국가의 결정에 따라 강물의 흐름이 결정되면 '물의 무기화'가 나타나고 이는 국제적 분쟁으로 이어져요. '물의 무기화'란 사람이 살아가는 데 꼭 필요한 물을 다른 나라를 위협하는 데 무기처럼 사용하는 것을 말해요. 강 상류에서 물을 흘려보내지 않으면 아래쪽으로 흘러가는 물줄기가 약해져 하류에서는 물을 사용하기 어려운 상황이 발생해요.

최근에는 메콩강을 둔 싸움에 미국까지 합세하여 중국과 힘겨루기를 하고 있어요. 미국은 IPEF(Indo-Pacific Economic Framework)라는 경제 협력체를 만들어 동남아시아 국가들과 경제 협력을 다지고 있어요. 이는 중국을 견제하기 위한 움직임이기도 하지요. 그러자 2015년에 중국은 이에 대항하여 태국, 라오스,

베트남, 캄보디아, 미얀마와 LMC(란창-메콩 협력체)를 결성했어요. 이는 중국이 주도하는 지역 협력체로, 메콩강 유역 국가들의 경제 발전을 위한 목적을 가지고 만들어졌어요.

그러나 중국이 지역협력체를 만든 건 댐 건설에 앞서 주변 국가들의 반발을 잠재우기 위한 목적이기도 해요. 메콩강의 수도꼭지가 중국의 손에 달려 있다 보니 다섯 개 국가는 중국이 좋든 싫든 친하게 지낼 수밖에 없는 관계가 되었어요. 결국 동남아시아의 정치 상황에 중국의 막강한 힘이 영향력을 끼칠 수밖에 없는 구조가 만들어졌어요. 이처럼 동남아시아 지역에서는 메콩강 유역을 둘러싸고 여러 국가들의 협력과 긴장이 공존하고 있어요.

이 싸움에서 가장 큰 피해를 입는 사람들은 다름 아닌 그 나라의 국민이에요. 6천만 명 이상의 사람들이 메콩강에 의존하여 살아가고 있는 것을 생각하면 메콩강을 둘러싼 물 분쟁이 그리 간단한 일만은 아니에요. 댐 건설 이후 주변 생태계가 파괴하고 어획량이 감소하였을 뿐만 아니라 가뭄이 발생하여 수자원으로의 이용 가치를 잃어버리는 일들이 자주 발생하고 있어요.

지금까지 다른 나라의 경제적 상황과 생존권을 하나의 거대한 나라가 쥐고 있는 것이 어떤 영향을 불러일으키는지 살펴보았어요. 자국의 이익도 좋지만 강 하류에 살고 있는 사람들의 삶을 지킬 방법도 동시에 고민하는 태도가 필요하지 않을까요?

미국과 중국 사이에서 베트남은
어떻게 힘을 키워 가고 있을까?

여러분이 사용하고 있는 물건들이 어디에서 만들어져 여러분의 손으로 오게 되는지 알고 있나요? 상품의 라벨에는 메이드 인 코리아, 메이드 인 차이나 등 그 상품이 제조된 국가의 이름이 쓰여 있어요. 주변 상품들의 라벨을 들여다보면 장난감, 전자제품 등 굉장히 다양한 것이 중국에서 제조되었다는 것을 알 수 있을 거예요. 전 세계를 대상으로 활동하는 초국적 기업에게 중국의 저렴한 인건비와 풍부한 노동력은 상품을 저렴하게 생산할 수 있어 상당히 매력적이에요.

실제로 많은 생산 공장들이 중국에 입지하였고, 지난 수십 년 동안 우리는 중국을 '세계의 공장'이라고 불렀어요. 중국은 많은 공장을 운영하면서 전 세계의 자본과 기술을 진공청소기처럼 빨아들였어요. 이를 바탕으로 가파른 경제 성장을 일구어 냈고, 이제 미국과 세계 패권을 놓고 경쟁하는 'G2'로 성장하였지요. 그러나 미국과 중국의 무역 전쟁, 코로나19팬데믹, 러시아-우크라이나 전쟁 등을 계기로 주요 초국적 기업들은 생산 공장을 중국에서 다른 곳으로 옮기고 있어요. 이에 새롭게 부상한 세계의 공장이 바로 베트남이지요.

베트남은 동남아시아 인도차이나 반도의 동부에 위치한 국가로, 남북 방향으로 긴 모양의 영토를 가지고 있습니다. 베트남의 인구는 약 1억 30만 명인데, 그 중 절반 가량이 35세 미만으로 아주 젊은 국가예요. 노동력이 아주 풍부하고, 성장 잠재력도 매우 큽니다. 그래서 최근 베트남 경제는 고속 성장 중

남북 모양으로 긴 영토를 가진 베트남.

이랍니다. 아시아개발은행(ADB)의 아시아개발전망(ADO) 보고서에 따르면 2024년 및 2025년의 베트남 경제 성장률을 각각 6.0%와 6.2%로 전망하고 있어요. 베트남이 이렇게 성장할 수 있었던 요인에는 지리적 이점도 크게 작용했지요.

긴 해안선과 함께 남북으로 북부에는 하노이, 남부에는 호치민 두 대도시가 위치하고 있어서 많은 기업들이 활동을 하는 데 유리해요. 또 다양한 국제 선적 항로와 가까워 무역에 최적화되어 있지요. 이러한 위치적 장점을 바탕으로 베트남은 1980년대부터 경제 개혁 정책을 수립한 이후 안정적인 경제 성장을 이루고 있어요. 많은 신흥 국가들이 외국인의 사업을 제한해 온 반면, 베트남은 대부분의 산업에서 외국인 직접 투자를 허용하고 있어서 베트남 경제에 힘을 실어 주고 있어요.

미국 애플의 최대 협력사인 타이완의 폭스콘은 몇 년째 베트남에서 '애플워치'를 생산 중인 가운데 올 5월부터는 '맥북 프로'도 베트남에서 생산하기 시작했어요. 2025년까지는 '에어팟' 전체 물량의 65%가량을 베트남에서 생산하기로 결정했다고 해요.

미국의 델 역시 자사 제품에 들어가는 모든 반도체 칩을 중국 밖에서 생산한다는 방침 아래 베트남을 새 생산 기지로 선정했어요. 우리나라도 베트남을 적극 공략하고 있답니다. 전체 스마트폰 물량의 절반가량을 베트남에서 생산 중인 삼성전자는 베트남에 생산 법인들을 두고 가전과 통신 장비, 디스플레이, 카메라 모듈 등의 주요 부품까지 생산하고 있다고 합니다. 이러한 흐름 속에 중국이 지닌 '세계의 공장' 지위도 베트남으로 급격히 이동 중인 것이지요.

사실 베트남은 바다를 접한 국가로서 유럽 식민지 개척 시대 이후 대륙 세력과 해양 세력이 충돌하던 요충지였어요. 유럽의 해외 식민지 개척이 한창이던 19세기 중반, 프랑스는 1858년 베트남 중부의 항구 도시인 다낭을 차지하고 남쪽과 북쪽으로 진격해 1884년 베트남 전 지역을 식민지로 지배하기 시작했지요. 프랑스의 식민 지배는 1940년 일본의 침략으로 막을 내렸고, 이후 남북으로 나뉘게 된 뒤 하노이를 중심으로 하는 북부에는 공산주의 세력이, 사이공(호치민)을 중심으로 하는 남부에는 반공주의 세력이 점령했답니다. 결국 1975년 북베트남의 승리로 끝난 베트남 전쟁을 뒤로하고 베트남은 사회주의 국가가 되었지요.

사회주의 국가가 된 베트남은 중국과 구 소련 중심으로 정치, 외교 관계를 더욱 밀접하게 맺어 왔지만 최근에는 이러한 관계에서 벗어나 대외 관계를 다변화하고 세계 경제와의 통합 노력으로 미국, 일본과의 관계가 긴밀해졌어요. 베트남은 저렴한 인건비에 기초한 단순한 조립 산업에서 벗어나 고부가가치, 첨단 제조업 분야로도 역량을 강화하기 위해 노력하고 있어요. 이러한 상황 속에서 미국이 베트남과 포괄적 전략적 동반자 관계를 구축하며 베트남의 반도체 산업을 지원하고 있지요. 이런 방식으로 미국도 전자 및 반도체 분야에서 중국을 대체하는 역할을 베트남에 부여하고 있어요.

베트남 경제 발전. (출처 VGP)

베트남은 남아시아의 중심에 위치하여 중국과 아세안(ASEAN) 10개국(브루나이 · 캄보디아 · 인도네시아 · 라오스 · 말레이시아 · 미얀마 · 필리핀 · 싱가포르 · 태국 · 베트남)을 연결하는 위치에 있어서 지정학적으로 그 중요성이 더욱 부각되고 있습니다. 따라서 앞으로 국경을 맞대고 있는 중국과 어떻게 협력을 할 것인지, 상대적으로 남중국해에서 해양 군사력을 강화시키고 있는 중국과의 갈등을 어떻게 처리할 것인지 주목해 봐야겠습니다.

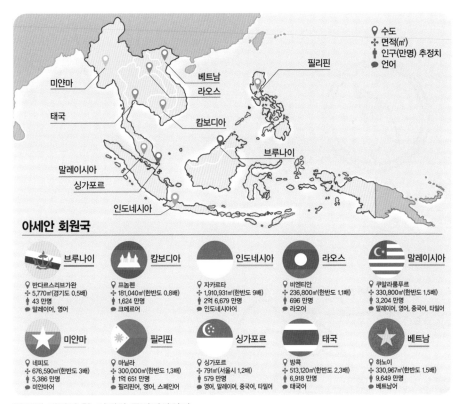

2019년 개최된 한, 아세안 특별정상회의.

2. 유럽

유럽과 아프리카 사이의 지중해는 어떻게 죽음의 바다가 되었을까?

아름다운 이름을 가진 지중해는 한자로 그대로 풀어 보면 땅 지(地), 가운데 중(中), 바다 해(海)로 땅 가운데 있는 바다라는 뜻이에요. 아프리카 대륙과 유럽 대륙 사이에 있는 바다라서 이렇게 이름이 붙었죠.

아름다운 이름이 붙은 이 바다가 누군가에게는 희망이 되기도 하고, 또 누군가에게는 절망과 아픔이 되기도 한다면 믿을 수 있나요? 이 바다를 넘기 위해 지금도 목숨을 건 항해가 이루어지고 있답니다.

우리가 사는 세상에 모든 사람들이 행복하고, 풍요롭게 살 수 있으면 좋겠지만 현실적으로는 상당히 어려운 일이에요. 부유한 나라에서 풍요롭게 사는 사람이 있는 반면 가난한 나라에서 하루 먹고 살기도 힘든 사람이 있죠. 평화로운 나라에서 걱정 없이 살아가는 사람도 있지만 언제 터질지 모르는 전쟁 때문에 하루하루 두려워하며 살아가는 사람들도 있어요. 가난한 나라에서 어렵게 살아가는 사람들과 전쟁의 두려움에 잠 못 이루는 사람들은 현실을 받아들

이기도 하지만 더 나은 세상을 향해 힘겨운 이동을 결심할 때도 있습니다.

　대표적으로 아프리카 대륙에서 어려움을 겪는 사람들이 주변의 유럽으로 이동을 하는데 우리는 이런 사람들을 난민이라고 불러요. 난민이란 전쟁, 경제적 이유, 자연재해, 종교 등 다양한 이유로 자신이 살고 있는 나라를 떠나 외국으로 탈출하는 사람을 뜻해요. 무려 전 세계 인구의 1%인 약 8,000만 명의 난민이 있다고 하니 그 수가 어마어마하죠. 우리나라 인구가 약 5,000만 명이니 우리나라 전체 인구보다도 많은 난민이 전 세계에 분포한답니다.

　문제는 약 10년의 기간 동안 난민 인구가 꾸준히 늘어 약 두 배 정도 증가했다고 하니 앞으로 더 늘어날 난민의 수도 심각한 문제가 될 수 있을 거예요. 거기에 법적으로 보호를 받아야 하는 0~17세 사이의 유아나 어린이가 전체 난민의 절반 정도를 차지한다고 하니 이 또한 심각한 문제가 될 수 있어요. 이처럼 우리가 살고 있는 나라에서 탈출한다는 상상을 하긴 어렵지만, 당장 내

일이 걱정되는 나라에서 사는 사람들은 희망과 두려운 마음을 함께 안고 탈출을 시도한답니다.

아프리카는 유럽 강대국의 식민 지배를 받는 과정에서 자신들의 의견과 전혀 상관없이 나라가 만들어지는 바람에 한 나라 안에 다양한 부족의 사람들이 섞여서 살게 되었어요. 그러다 보니 자연스럽게 한 나라 안에서 권력을 가지기 위해 사람들끼리 다투게 되고 우리는 이를 내전이라고 불러요.

권력을 가지기 위해 총과 칼을 두고 싸울 때 아무런 목적 없이 오늘 하루를 위해 살아가는 사람들은 그 총과 칼에 목숨을 잃을 수 있고, 가족을 잃을 수도 있어요. 그래서 그 사람들은 나를 위해 그리고 가족을 위해 자신이 살고 있는 고향을 떠나야 하는 가슴 아픈 상황이 발생합니다.

하지만 떠나야 한다고 해서 어디든 갈 수 있는 건 아니에요. 난민들의 이동에서 가장 핵심은 지리적으로 가까운 나라이면서도 자신들의 안전을 어느 정도 보장받을 수 있는 나라를 선택하는 거죠. 그래서 지중해는 조금 더 나은 삶을 살 수 있다는 희망과 탈출하는 과정에서 목숨을 내어 놓아야 하는 두려움이 교차하는 바다가 되었어요.

아프리카와 유럽 사이에는 아주 좁은 바닷길이 있어 아프리카 사람들은 이 길을 통해 유럽으로 넘어갑니다. 먼저 스페인(에스파냐)과 아프리카 사이의 좁은 바닷길을 통해 사람들이 탈출을 시도하고, 튀니지와 이탈리아 사이 시칠리아섬으로도 탈출하기도 해요. 또 이집트에서 튀르키예 사이의 키프로스를 거쳐 그리스로 넘어가는 사람들도 있죠.

이렇게 탈출하는 사람들은 유럽에 도착하는 순간 유럽연합 회원국들로 이동해 어느 정도 안전을 보장받아요. 그 사람들을 다시 고향으로 돌려보내거나 아예 다른 나라로 쫓아보내지는 않죠. 하지만 난민들이 가장 많이 도착하는 나라인 스페인과 이탈리아에서는 난민을 무조건 받을 수만은 없어요.

난민들이 급하게 아무것도 가지지 않은 채 탈출했기 때문에 그 사람들의 일상생활에 어느 정도 보탬이 되어야 하기 때문이죠. 그래서 난민을 많이 받고 있는 이탈리아의 경우 아프리카와 인접하다는 이유로 난민들이 많이 넘어오고 있는 상황을 유럽연합에 설명하고, 도움을 요청했어요. 하지만 다양한 회원국으로 구성된 유럽연합에서 모두가 만장일치로 난민 수용에 대한 어려움 나누기를 결정하는 것은 쉬운 일이 아니랍니다. 하지만 난민들의 입장에서는 굶어

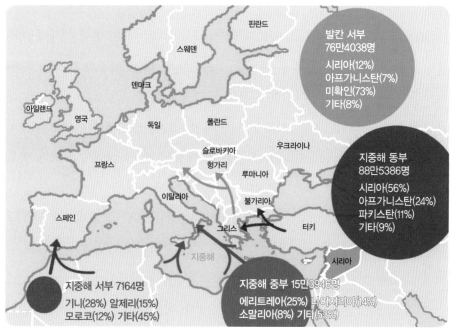

유럽 난민의 주요 이동 경로 (2015년 말 기준 자료: 유럽연합(EU) 국경관리청(Frontex)).

죽거나 전쟁으로 인해 목숨을 잃는 것보다는 차라리 유럽에 가서 힘들게 사는 것을 선택합니다. 그래서 지금도 많은 아프리카 사람들이 자신의 고향을 떠나고 있는 상황입니다.

한편 난민들은 온전히 자신의 힘으로만 지중해를 건너기는 쉽지 않은 상황이에요. 그래서 자신들을 안전하게 유럽까지 보내줄 수 있는 사람을 구하기도 하는데 이런 난민들의 어려운 상황을 오히려 이용하는 나쁜 사람들도 있죠. 유럽으로 가는 것 자체가 불법이기 때문에 난민들은 어떠한 어려움도 이겨낼 거라 마음을 먹고 있어요. 이런 점을 악용해 이동에 필요한 비용을 받고 작은 배를 통해 위험하게 건너게 하거나 의도적으로 사람들을 바다에 빠트리기도 하죠.

2010년 12월 이후 아프리카 북부 지역에서 독재와 부패, 경제 침체에 대해 불만을 품은 사람들이 반정부 시위를 일으켰는데 이를 '아랍의 봄'이라고 해요. 아랍의 봄을 계기로 아프리카 북부 지역에 있는 나라에서 본격적으로 대규모 유입이 시작되었지요. 이후 2014년에 리비아를 출발해 유럽으로 탈출하던 500명 가까운 사람들이 지중해 바다에 빠져 죽게 된 끔찍한 사고가 바로 그러한 사례입니다.

2023년에는 유럽으로 향하는 작은 배 위에서 태어난 신생아가 유럽에 도착하기도 전에 숨지게 되는 비극이 일어나 국제 사회에서 난민 문제에 대해 다시 한번 심각성을 깨닫게 된 계기가 되기도 했답니다.

하지만 유럽 내 국가들 사이에서도 난민을 받아들이는 것을 두고 갈등이 발생하기도 합니다. 힘들게 자신의 고향을 떠나온 사람들을 받아들이는 따뜻한 마음이 필요하다고 주장하는 사람들과, 우리가 먹고 살기도 힘든 상황에서 난민들을 수용해서 경제적 부담을 나눌 수 없다고 반대하는 사람들이 격렬하게 논쟁을 하고 있는 상황이에요.

어쩔 수 없이 자신의 고향을 떠나야 하는 사람과 어쩔 수 없이 난민을 받아야 하는 나라 사이의 속사정은 충분히 이해가 되지만 모든 책임을 난민과 그를 받아들이는 나라에 책임지게 해서는 안될 거예요.

떠나야 하는 사람의 아픔을 이해해 줄 수 있고, 받아야 하는 사람들의 어려움을 공감해 줄 수 있는 국제 사회의 노력이 절실히 필요합니다. 우리가 난민들을 조금만 더 따뜻하게 안아 줄 수 있을 때 우리가 가진 아픔을 또 누군가가 안아 줄 수 있지 않을까요?

영국은 왜 지브롤터를 포기하지 못할까?

세계 지도에서 유럽과 아프리카 대륙을 찾아볼까요? 유럽과 아프리카는 언뜻 보기에 서로 붙어 있는 것처럼 보이지만 두 대륙은 엄연히 바다를 두고 갈라져 있는 땅이에요. 유럽과 아프리카를 갈라 놓은 이 좁은 바다를 지브롤터 해협이라고 불러요. 지브롤터 해협의 가장 좁은 구간은 폭이 13km밖에 되지 않을 정도로 굉장히 좁은 바닷길이에요. 지브롤터 해협을 기준으로 서쪽의 커다란 바다는 대서양, 동쪽의 바다는 지중해가 된답니다.

예로부터 남부 유럽 사람들은 대서양으로 나가기 위해서는 지중해를 거쳐 반드시 이곳을 통과해야만 했어요. 스페인과 포르투갈이 위치한 이베리아 반도 남쪽 끝에 툭 튀어나온 지브롤터 지역의 이름을 따 지브롤터 해협이라는 이름이 붙었어요. 스페인의 남쪽 끝에 붙어 있긴 하지만 이 땅의 주인은 스페인이 아닌 영국이에요. 어쩌다 지브롤터는 영국 땅이 되었고, 영국과 스페인 두 나라가 지브롤터를 두고 분쟁을 하게 된 것일까요?

지브롤터 해협은 유럽과 아프리카 두 대륙의 길목에 있기에 지리적으로 굉장히 중요한 곳이에요. 좁은 바닷길을 건너면 바로 아프리카와 연결되고, 대서양으로 나가기 위해서는 반드시 통과해야 하는 곳이기도 했으니까요. 이처럼 지리적, 군사적으로 중요한 위치에 있다 보니 옛날부터 유럽 내의 막강한 권력을 차지한 나라들은 지브롤터를 차지하기 위해 치열한 쟁탈전을 벌였어요.

지브롤터를 둘러싼 분쟁은 언제부터 시작되었을까요? 기원전 약 950년, 지중해 해상 국가였던 페니키아의 기록에서 지브롤터는 처음 등장해요. 해상 무역을 바탕으로 성장한 페니키아인들은 지브롤터 해협을 통과해 대서양까지 진출하기 시작했지요.

이후 고대 그리스가 지중해를 점령한 시기에 지브롤터 지역은 '헤라클레스

의 기둥'이라는 이름으로 알려지게 되었어요. 헤라클레스의 기둥이라는 별명은 고대 그리스의 전설에서 유래했어요. 자신의 손으로 부인과 아들을 죽인 헤라클레스는 죄를 씻기 위해 에리테리아 섬에 가서 게리온의 소를 뺏어와야 했는데, 이곳으로 향하는 길을 내기 위해 아틀라스 산맥을 둘로 갈랐고, 이때 갈라진 산 기둥 중 하나가 바로 지브롤터예요. 두 기둥의 모습은 현재 스페인 국기에서도 확인할 수 있어요.

사람들은 이 지역을 두고 언제부터 '지브롤터'라고 불렀을까요? 바로 이슬람 세력이 스페

지브롤터 헤라클레스 조각상과 스페인 국기.

인을 점령한 8세기 초부터 우리가 알고 있는 지브롤터라는 이름으로 불리게 되었어요. 이슬람교도인 타리크 이븐 지야드 사령관은 이곳을 거점으로 스페인 본토를 침입했는데, 이후 스페인과 이슬람 세력은 지브롤터를 점령하기 위해 계속해서 전쟁을 벌였어요.

점차 영토를 회복하기 시작한 스페인은 마지막 남은 지브롤터를 확보하기 위해 노력했고, 마침내 1492년에 영토를 회복하는 데 성공했어요. 이때부터 스페인은 지브롤터를 출발해 대서양을 건너 신대륙을 탐험하기 시작했지요. '신대륙 개척'이라는 역사적 상징성 때문에 스페인은 이 지역을 굉장히 중요하게 여기고 계속하여 영토를 되찾기 위해 영국과 분쟁하고 있어요.

스페인의 영토였던 지브롤터가 지금은 어쩌다 영국 땅이 되었을까요? 지브롤터의 운명은 18세기 초에 일어난 스페인 왕위 계승전에 의해 뒤바뀌게 되었어요. 당시 유럽 왕국들은 더 많은 땅을 차지하기 위해 왕위 다툼에 참여했는데, 스페인의 카를로스 2세가 후계자 없이 죽어 버리자 프랑스와 영국·오스트리아·네덜란드 연합군이 스페인의 왕위 계승 문제를 두고 전쟁을 벌였어요. 1701년부터 1713년까지 이어진 전쟁은 프랑스 출신의 펠리페 5세가 집권하며 끝이 났지만, 전쟁 당시 영국 함대가 지브롤터에 상륙하여 땅을 점령하는 바람에 스페인은 지브롤터를 빼앗겼어요.

영국은 지브롤터를 점령하여 대서양과 지중해를 자유롭게 오갈 수 있는 관문을 얻게 되었어요. 이후 300년 동안 스페인은 영토 반환을 영국에 요구했으나 영국은 이에 수긍하지 않았고 지금까지 지브롤터는 영국령으로서 해군 기지로 사용되고 있어요.

특히 19세기 말, 이집트에 수에즈 운하가 건설되어 지중해와 홍해가 연결되자 지브롤터의 중요성은 더욱 커졌어요. 무역선들이 아프리카를 돌아가지 않더라도 홍해를 지나 지중해를 통과해 바로 대서양으로 뻗어 나갈 수 있게 되었기 때문이에요. 이 때문에 영국이 스페인에게 지브롤터를 반환할 가능성은 더욱 희박해졌어요. 선박이 운항하는 데 드는 시간과 비용을 단축시킨다는 장점이 있으니 지브롤터를 장악하는 것이 얼마나 중요한 일인지 실감이 되나요?

그럼 영국령이 된 지브롤터의 현재 모습은 어떨까요?

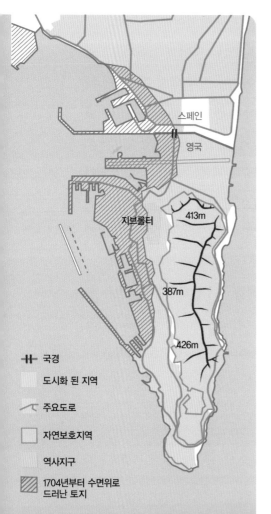

지브롤터의 지형을 살펴보면 석회암으로 이루어진 큰 바위산으로 이루어진 모습을 하고 있어요. 그래서 제2차 세계 대전 당시 영국은 지형적 장점을 활용해 바위산을 깎아 북쪽에 군용 비행장을 건설하여 군사적 요충지로 이용하기도 했지요.

지금도 이 지역에서는 전쟁의 흔적을 보여주는 요새와 대포, 다양한 기념탑과 묘지를 볼 수 있어 관광지로 활용되고 있어요. 그리고 아직까지도 영국은 지브롤터에 대함대를 배치하여 지중해 국가들이 대서양으로 나가는 관문을 감시하며 군사적 요충지로서 지브롤터를 중요하게 여기고 있어요.

큰 석회암으로 이루어진 지브롤터의 바위산.

　최근 지브롤터는 또 한 번 전 세계 사람들의 이목을 끌어당겼어요. 영국의 유럽연합 탈퇴 소식과 함께 지브롤터의 운명이 어떻게 될 것인가를 궁금해하는 사람들이 많았기 때문이에요. 영국 본토 주민들과는 달리 지브롤터 주민들은 또 다른 의견을 가지고 있었어요. 2016년에 진행된 영국 국민투표에서 영국 본토 주민의 과반수는 유럽연합 탈퇴에 찬성했지만 지브롤터 주민들의 95% 이상은 유럽연합 탈퇴를 희망하지 않았어요. 서로 사는 지역이 다를 뿐만 아니라 정치, 경제, 문화, 환경이 달라 나타난 결과이지요.

　지브롤터 주민들의 유럽연합 탈퇴 반대 의견은 스페인에게 또 다른 기회를 제공했어요. 이 투표를 계기로 스페인 정부는 지브롤터에 대한 공동 주권을 주장하였고, 영국은 당연히 이에 반발하며 두 나라 사이에는 다시금 팽팽한 긴장감이 흐르게 되었어요.

현재 지브롤터에는 약 3만 명의 영국인이 거주하고 있어요. 지브롤터의 주민들은 스페인보다 경제적 수준이 높고 정치적 혼란을 피하기 위해 스페인보다는 영국에 남기를 희망하고 있어요. 지브롤터 주민들의 의견, 스페인과 영국의 문화 차이, 영국 함대의 막강함 등 아직까지는 두 나라의 분쟁이 멈추기까지 넘어야 할 많은 산이 존재해요. 갈등을 해결하기 위해서는 영국과 스페인뿐만 아니라 다양한 국제 상황을 고려해야 할 필요가 있어요.

이처럼 여러 국가는 영토가 가진 장점을 적극적으로 활용하기 위해 서로 뺏고 빼앗기는 관계를 지속하고 있어요. 앞으로는 지브롤터 해협이 가진 장점에 주목하여 유럽의 정치 상황을 살펴보면 어떨까요?

영국은 왜 굳이 유럽연합(EU)을 탈퇴해서 고생하고 있을까?

2020년 1월 31일 오후 11시, 밤 늦은 시간 영국의 수도인 런던 중앙의 빅벤에서 종소리가 울려 퍼졌습니다. 이와 더불어 영국의 스코틀랜드에서는 촛불 시위가 런던 의회 광장에서는 환영 파티가 열렸지요. 2020년 1월 31일 영국에서는 어떠한 일이 벌어진 것일까요?

이 일에 대한 답을 찾기 위해서는 과거로 거슬러 올라가야 해요. 1945년 제2차 세계대전이 끝난 이후 유럽은 과거를 정리하고 협력과 통합을 통한 평화를 쟁취하겠다고 다짐합니다. 1948년 유럽 결합을 추구하기 위해 유럽 국제 운동과 유럽 대학을 설립하여 이러한 발판을 마련했어요.

1952년 유럽의 공업을 공동으로 관리하기 위한 유럽 석탄철강공동체가 탄생하였고 이는 유럽연방의 첫발을 디딘 것으로 여겨지지요. 이를 발판으로 1958년 유럽경제공동체(EEC)가 설립되었으며 1967년 유럽경제공동체를 유럽공동체라는 의미의 EC로 개편하게 됩니다.

그렇게 차근차근 회원국을 넓혀 가던 유럽공동체는 1993년 마스트리히트 조약을 체결한 후 본격적으로 EU를 출범하게 됐어요. EU는 EUROPEAN UNION의 약자로 유럽연합을 뜻합니다. 단순한 경제 연합뿐만 아니라 단일 통화인 유로화 도입, 공동 외교안보 정책을 실시하기로 합의하였지요.

유럽연합은 개인이나 단체가 아닌 국가 단위로는 처음 2012년 유럽의 평화에 기여한다 하여 노벨평화상을 수상하기도 하였어요. 2024년 현재 회원국은 총 27개국이지요. 원래 28개 회원국에서 2020년 영국의 탈퇴로 줄어든 상황이랍니다.

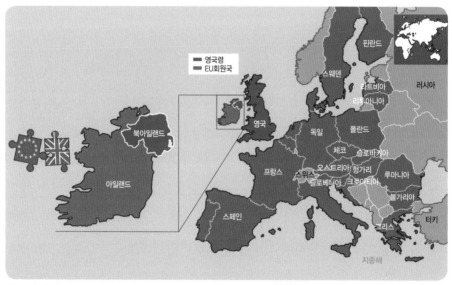

영국이 빠진 뒤 유럽연합 회원국 현황.

그렇다면 영국은 왜 유럽연합을 탈퇴하였을까요?

역사적으로 영국은 늘 유럽의 연합에 대항해 왔어요. 영국은 섬나라로서 늘 유럽 본토에서 일어난 전쟁에서 한발 물러나 있었지요. 그러나 유럽 본토의 세력들이 하나로 연합하게 되었을 때 영국은 늘 침략의 대상이 되었습니다. 나폴레옹이 전 유럽을 통일하였을 때 마지막으로 점령하려 했던 곳도 영국이었으며 제2차 세계대전 서유럽을 점령한 독일 나치당의 히틀러도 영국 침공을 감행하였어요. 이렇듯 영국은 늘 유럽의 세력이 모이는 것에 대해 경계하였어요.

그러나 제2차 세계대전이 끝난 이후 평화를 위해 유럽연합이 창설되었고, 영국도 다양한 이권을 위해 유럽연합에 가입하게 되었으나 늘 영국 내부에서는 유럽연합에 반대하는 시선이 존재하였어요. 또한 21세기에 접어들며 상대적으로 경제력이 낮은 동유럽 국가들이 유럽연합에 가입하게 되고, 잦은 내전으로 중동과 아프리카의 난민들이 유럽으로 많이 넘어오면서 영국 내부에서 유럽연합에 대한 비판적인 목소리가 점점 커져 가고 있었어요.

첫 번째로 유럽연합이 독일의 제 4제국이라는 음모론이 널리 퍼지게 되었지요. 현재 유럽연합에서 경제적 규모가 가장 큰 국가는 독일입니다. 실질적으로 유럽연합 의회에서나 경제 정책을 결정할 때 독일의 목소리가 가장 크게 작용하고 있어요.

특히 난민 사태 당시 유럽연합과 독일이 '무제한 난민 수용과 유럽연합 회원 각국에 난민 강제 할당'이라는 정책을 내놓아 이러한 여론이 더욱 강해졌어요. 원래 난민은 처음 받은 나라에서 정착시키기로 되어 있는 조약을 깨고 유럽연합 국가에 동등하게 난민을 할당하겠다는 취지였지요. 아프리카나 중동지역이 바닷길로 막혀 있던 영국은 이러한 정책을 통해 받지 않아도 될 난민을 받아야 한다고 생각하여 불만이 심각해져 있었답니다.

두 번째로 2008년 세계 금융위기로 유로존(유로화 화폐를 사용하는 국가)의 몇몇 국가들이 IMF 사태를 맞이하며 재정 위기에 빠지자, 유로존 전체가 경제 위기에 빠졌으며 유럽연합까지 그 피해를 입게 되었다는 점이에요. 그 과정에서 유럽연합에 이미 막대한 예산을 지출하고 있던 영국의 불만은 커져만 갔어요.

세 번째로 저렴한 외국인 노동자들이 영국에 자유롭게 들어오게 되면서 서민들의 일자리를 뺏으며 임금 상승을 가로막아 영국 서민들의 삶이 더 힘들어지고 있다는 불만이 발생했어요.

이러한 상황에서 영국의 유럽연합 탈퇴는 영국 정권이 바뀔 때마다 늘 다

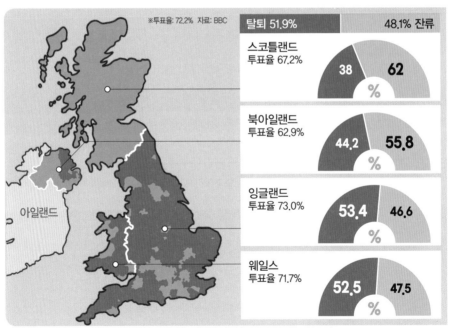

브렉시트(영국 유럽연합 탈퇴) 지역별 투표 결과.

시 타오르는 논쟁거리였어요. 영국은 유럽연합 탈퇴에 대한 여론이 2010년대 부터 논의되고 있었고 영국 내부의 불만이 터지기 일보 직전인 상황이었어요.

결국 영국은 2016년 유럽연합 탈퇴를 위한 국민투표를 진행하였답니다. 결과는 유럽연합 탈퇴 의견이 작은 차이로 앞서면서 2020년 1월 31일 유럽 연합 탈퇴가 확정되었어요. 브렉시트라는 단어는 영국의 브리티쉬(BRITISH)와 출구라는 엑시트(EXIT)의 합성어로 영국의 유럽연합 탈퇴를 의미하는 신조어 예요.

그렇다면 유럽연합에서 탈퇴한 영국은 지금 행복하게 살고 있을까요?

현재 영국의 상황을 경제적인 측면에서 살펴보도록 하죠. 영국 국민들은 유럽연합 탈퇴 이후 큰 혼란을 겪게 되었어요. 무엇보다도 유럽연합 탈퇴의 원인이 된 저임금의 외국인 노동자들이 영국에서 빠져나가면서 트럭 운전자 수가 급격히 감소했으며 이로 인해 물류 운송 대란이 발생하게 되었어요.

대부분의 나라들은 물류 이동이 트럭을 이용하여 이루어지고 있으며 영국 또한 마찬가지랍니다. 트럭 운전사를 하고 있던 외국인 노동자들이 본인의 나 라로 돌아가게 되면서 물류를 운송할 수 있는 사람이 부족해졌어요. 물류 운 송이 어려운 상황이 얼마나 심각한지 심지어 주요소에 기름이 바닥나기 시작 했답니다. 기름 공급이 원활하지 못하면서 주유소에는 기름을 사재기하는 사 람들이 늘어났고, 기름은 더더욱 부족해졌어요.

일반인들뿐만 아니라 대중교통마저 기름이 부족해지자 더 큰 문제점이 발 생했어요. 한 가지 예시로 코로나로 인해 가뜩이나 어려웠던 의료 체계는 차

량 운행이 어려워 의사들이 출근하지 못하자 진료 체계 자체가 무너져 병원 진료를 받지 못하는 상황이 되었답니다. 이러한 현상이 선진국이라 불리는 영국에서 발생하고 있어요.

노동력 부족 문제는 물류 운송에서만 나타난 것이 아니랍니다. 농장에서는 노동자가 부족하여 수확하지 못한 작물이 썩고 있고, 호텔에서는 청소부가 부족하여 객실을 사용하지 못하고 있어요. 또한 도축업자가 부족하여 동물들이 원래의 도축 시기보다 더 오래 살고 있다고 합니다. 이러한 상황에서 물가 상승률까지 높아져서 영국의 2023년 국가 성장률은 마이너스를 기록하게 되었습니다.

브렉시트 이후 3년이 지난 현재, 영국에서는 유럽연합 탈퇴를 후회하는 브레그렛이라는 단어가 생겨났어요. 영국의 유럽연합 탈퇴를 의미하는 BREXIT와 후회를 의미하는 REGRET의 단어를 합성한 것입니다.

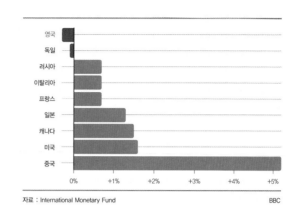

자료 : International Monetary Fund   BBC

마이너스를 기록한 영국의 2023년 국가 성장률.

영국의 여론 조사 기관의 조사에 따르면 브렉시트가 잘못되었다고 대답한 응답자가 57%, 브렉시트가 옳았다고 대답한 응답자가 32%로 나타났어요. 런던에서는 유럽연합으로 돌아가자

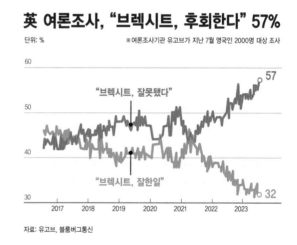

英 여론조사, "브렉시트, 후회한다" 57%

단위: %   ※여론조사기관 유고브가 지난 7월 영국인 2000명 대상 조사

자료: 유고브, 블룸버그통신

는 대규모 시위가 일어나기도 했답니다. 앞으로 영국의 미래는 어떻게 될까요? 여러분이 영국의 미래에 대해 한번 추측해 보는 것은 어떨까요?

러시아는 왜 우크라이나를 포기하지 못할까?

여러분은 이레덴티즘(Irredentism)이란 단어를 들어 본 적 있나요? 아마 처음 들어 본 분들이 많을 텐데요. 이레덴티즘이란 다양한 원인을 바탕으로 이웃 국가에 속한 영토를 자신의 나라 영토로 합치려는 움직임을 나타내는 용어입니다.

2022년에 발생한 러시아의 우크라이나 전면 침공도 우크라이나 국가 내의 러시아 친화적인 지역에 대한 러시아의 영토 확보라는 입장에서 이레덴티즘으로 볼 수 있지요. 그럼 이제 러시아-우크라이나 전쟁 상황과 왜 러시아가 우크라이나를 포기하지 못하고 있는지에 대한 원인을 살펴볼까요.

우리는 러시아-우크라이나 전쟁을 생각하면 2022년부터 시작된 러시아의 전면 침공에 대해 먼저 떠올리죠. 러시아 군인들의 우크라이나 진군, 폭격으로 인해 우크라이나 수도 키이우의 건물이 무너지는 영상, 러시아 군인들의 반인륜적인 행위들이었죠. 하지만 러시아-우크라이나 갈등의 시작은 훨씬 예전부터 진행되어 왔어요.

흔히 우크라이나 하면 가장 먼저 떠올리는 이미지는 '미녀들이 밭을 갈고 있는 나라'입니다. 우크라이나는 실제로 미녀들이 많은 나라이며, 농업이 발달한 나라예요.

우크라이나 영토의 2/3가 흑토라고 불리는 농사 짓기 좋은 토양이고 이 토양에서 대규모의 밀 생산을 하여 해외에 수출하고 있어요. 실질적으로 러시아-우크라이나 전쟁이 발발한 뒤 동유럽 국가들은 밀이 부족하여 빵을 배급제로 나눠 줄 만큼 밀 수입량 확보에 어려움을 겪고 있답니다.

역사적으로 우크라이나는 러시아, 벨라루스와 한 나라였어요. 세 나라는 동슬라브족으로 분류된 민족 국가를 이루고 있었지요. 그러나 몽골 제국의 침략으로 국가가 분리되어 우크라이나 지역은 몽골의 지배 아래 놓였어요. 16세기 경 몽골의 세력이 약화되면서 러시아가 다시 차지하게 되었답니다. 이후에

러시아 본토와 비교하여 차별대우가 발생하였고 우크라이나인들은 러시아와 같은 민족이긴 하지만 독립을 꿈꾸며 본인들만의 정체성을 잃지 않기 위해 노력했어요.

러시아와 우크라이나 사이에서는 작은 갈등들이 발생하였지만 다행히 극단적인 갈등까지는 발생하지 않고 있었지요. 그러나 20세기 초, 구소련의 지배자 스탈린이 도시 지역의 안정적인 식량 확보를 위해 소련 영토 내에 있는 모든 농장을 집단 농장 체제로 바꿔 버렸어요. 집단 농장 체제는 모든 농산물을 중앙에서 거둬들인 다음 필요한 만큼 배분하는 방식이었지요.

비옥한 농토를 가진 우크라이나 지역에서 생산한 곡물들을 도시의 노동자들을 주기 위해 모두 수거해 가기 시작하니 우크라이나의 농장들은 곡물 생산량을 감축하기 시작했어요. 곡물 생산량은 줄지만 중앙에서 거둬 가는 농산물의 양은 그대로이니 우크라이나 지역은 농산물이 많이 부족해졌지요.

이렇게 발생한 우크라이나 대기근으로 인해 우크라이나와 소련의 갈등이 극에 달하기 시작했어요. 이러한 갈등이 얼마나 심각한가를 보여줄 수 있는 증거가 제2차 세계 대전 당시 독일의 나치군이 우크라이나를 침공했을 때 대부분의 우크라이나인들은 나치군을 환영했다는 기록이 있을 정도지요. 이때 발생한 깊은 감정의 골로 인해 소련이 무너진 후 독립한 우크라이나와 러시아의 관계는 돌아올 수 없는 상태가 되었어요.

물론 오랜 소련의 통치로 인해 친러시아 성향의 정치인들도 많았습니다. 2010년에는 친러시아 성향의 대통령이 당선되었지요. 이때는 우크라이나가 북대서양조약기구인 나토(NATO)와 유럽연합(EU)에 가입하기 위해 노력하고 있던 시점이었어요. 그러나 친러시아 성향의 대통령이 이러한 협정에 서명하지 않으며 러시아와의 관계를 더욱 더 가깝게 하게 되었지요.

친서방 세력은 이에 반발하여 유로마이단 혁명을 일으켰고 혁명의 결과로 친러시아 대통령인 야누코비치는 탄핵이 되고 대통령 권한이 박탈되었어요. 친러시아 세력은 러시아와 가까운 국경 지역인 돈바스 지역으로 모이기 시작했고, 이전에 러시아와 우크라이나의 협정을 통해 크림반도에 주둔하고 있던 러시아 군대가 친러시아 세력을 지키기 위해 움직이기 시작했어요. 또한 러시아 본토에서 러시아 군과 특수 부대들이 크림반도로 진격하였으며 주요 건물들을 점령하고 크림반도를 러시아 영토로 합병하였지요.

이렇게 러시아—우크라이나 전쟁은 2014년부터 시작되었어요. 러시아는 친러시아 성향이 강한 돈바스 지역의 분리가 정당하다고 주장했고 우크라이나 정부는 돈바스 지역의 친러시아 시위를 진압하고 돈바스 분리를 주장하는 운동가들을 체포하였어요.

러시아는 자신들의 영토와 국민들을 지키기 위해서라는 명분으로 돈바스 지역에 대규모 군대를 파견하였어요. 러시아는 러시아적 세계를 위해 싸우는 자원군들이 국경을 넘은 것이며 러시아 국가의 공식적인 침공은 아니라고 이야기했어요. 2014년 말부터 전쟁은 소규모 국지전 상태를 유지하고 반복적으로 휴전 협상이 이루어졌어요. 이러한 상황은 2021년까지 이어졌답니다.

그러나 2021년 말 러시아의 푸틴 대통령은 돈바스 지역의 반러시아 세력이 이 지역의 집단 학살을 일으키려 하고 있으며 우크라이나가 친러시아 세력을 숙청하기 위한 신나치주의 지도자가 지배하고 있다고 주장했어요. 또한 미

국에 우크라이나의 나토 가
입을 방지할 수 있는 법적
구속력이 있는 합의와 동유
럽에 주둔하고 있는 다국적
군의 철수를 주장하였어요.

그런데 러시아-우크라
이나 전쟁에서 왜 나토와
미국의 이야기가 나오는
것일까요?

이 질문의 답을 찾기 위
해서는 제2차 세계 대전 이
후 유럽의 역사를 살펴봐야
해요. 제2차 세계 대전이
끝난 직후 소련의 물밑 작

2014년 6월~8월 돈바스 전쟁 진행 상황.

업을 통해 동유럽은 모두 공산 국가가 되었어요. 이로 인해 미국과 유럽 서방
국가들은 유럽의 공산화라는 큰 위협을 느끼기 시작했어요. 제2차 세계 대전
이후 발생한 소련, 미국, 유럽 서방 국가들의 갈등은 냉전 시대라는 새로운 세
계 질서를 만들었어요.

소련의 팽창과 군사적인 행동에 위협을 느낀 서유럽 국가들은 1949년 나토
라는 군사적 동맹을 만들었어요. 소련에게 위협을 느낀 유럽은 중립국을 제외
한 대부분의 국가가 나토 창설에 참여하게 되지요. 이러한 서유럽, 미국과 동

유럽, 소련과의 대립은 소련이 해체된 1991년까지 이어졌어요.

소련이 해체될 때 대부분의 동유럽 국가들을 독립시킨 러시아는 본토까지 뺏길 수도 있다는 위협을 느꼈고 미국과 나토의 가입국을 1991년 수준에서 확장하지 않는다는 약속을 했어요. 그러나 역사적으로 러시아에게 호되게 당해왔던 동유럽 국가들이 나토 가입을 요구했어요. 동유럽 국가들은 소련 해체 이후에도 계속되는 러시아의 내정 간섭과 군사 활동에 염증을 느낀 상태였기 때문이에요.

이러한 상황에서 동유럽 중에서도 러시아와 가장 가까운 우크라이나까지 나토 가입을 희망하게 되자, 러시아는 마지막 친러시아 국가까지 나토에 잃고 자신들의 본토까지 위협받을 수 있다는 생각에 우크라이나를 절대 포기하지 못하는 상태가 되었답니다.

결국 2022년 러시아는 우크라이나를 전면 침공하여 우크라이나의 수도까지 진격하게 됩니다. 그러나 이러한 러시아의 전면 침공은 국제적으로 침략 전쟁으로 비난 받았으며 유엔 총회에서 러시아군의 전면 철수를 요구하는 결의안이 통과되었어요. 수많은 국가가 러시아에 경제적인 제재를 가했고 우크라이나를 인도적, 군사적으로 지원하고 있어요.

현재까지 진행 중인 러시아-우크라이나 전쟁이 어떻게 막을 내리게 될지는 아무도 모릅니다. 다만 이러한 세계의 다양한 모습 속에 어떠한 배경이 있었는지 정확히 아는 것이 세계시민이 되기 위해 한 걸음 다가가는 태도가 아닐까요?

네덜란드가 해상 무역으로 우뚝 설 수 있었던 이유는?

국토의 4분의 1이 해수면 아래에 있는 국가를 알고 있나요? 이곳에서는 도로나 집들이 바로 옆에 있는 운하보다 낮은 지대에 있는 것을 흔히 볼 수 있어요. 심지어 이곳의 스키폴 국제공항은 해발고도 0미터 아래에 있대요. 바로 국가의 이름도 '낮은 땅'이라는 뜻의 네덜란드예요. 네덜란드는 바다보다 낮은 땅이 많은 데다 강대국 사이에 끼여 역사상 침략에서 자유로울 수가 없었어요.

유럽의 북서부에 위치한 네덜란드는 동쪽은 독일, 남쪽은 벨기에와 접하고, 서북쪽으로는 영국과 북해를 사이에 두고 마주보고 있어요. 한반도의 5분의 1 정도 크기로 자원이 충분하지 않고 국토 대부분이 지대가 낮다 보니 바다나 하천이 자주 범람해서 홍수 피해를 자주 입었죠. 항상 물과의 전쟁을 벌였어요.

하지만 네덜란드는 상인의 영향력이 큰 나라였어요. 북해에서 잡은 청어를 소금에 절여 유럽 각지에 판매하며 상업이 발달해 나갔지요.

라인강이 바다로 유입되는 길목에 위치한 네덜란드는 해상과 하천 교통의 중심에 위치해서 각 나라의 상품이 집결하는 장소로 안성맞춤이었어요.

네덜란드는 북유럽 국가들과 영국, 남유럽 국가들 사이에 위치한 지리적 이점을 활용해서 중세 말부터 중개 무역이 발달하여 국제 무역의 중심지로 손꼽혔어요.

해상과 하천 교통의 중심지 네덜란드.

운하가 있는 암스테르담 풍경.

네덜란드는 16세기 초반만 해도 스페인의 합스부르크 왕가의 지배 아래 있었어요. 그렇지만 스페인과 네덜란드는 지리적으로 상당히 떨어져 있어서 나름대로 자율적으로 운영할 수 있었습니다. 특히 합스부르크 제국은 상인과 귀족의 독자적인 권한을 상당히 인정해 주었지요. 하지만 카를 5세가 스페인의 왕이 되면서 상황이 변했어요. 신성 로마 제국 황제를 겸하고 있던 카를 5세는 네덜란드에 대한 통치력을 강화하기 위해 개신교를 탄압하고 가톨릭을 강요하기 시작했지요.

이는 개신교도가 대부분인 네덜란드 상인들에게 커다란 반감을 샀습니다. 네덜란드와 가톨릭인 합스부르크 가문의 대립이 수면 위로 드러나며 1568년에는 네덜란드 독립전쟁이 벌어졌어요. 네덜란드는 스페인에 맞서 80년 전쟁(1568~1648년)을 통해 독립한 뒤 상업 세력을 중심으로 국가를 건설하고, 해상무역의 패권을 차지하였습니다.

17세기 전반기는 네덜란드 경제의 황금기였어요. 암스테르담은 유럽에서 제일가는 상업과 금융의 중심지로 번영했지요. 이 시기 네덜란드의 수도 암스테르담은 지금의 뉴욕 월스트리트와 같은 금융의 중심지 역할을 했어요. 네덜란드에서는 인도, 동남아시아 지역으로 진출하기 위해 1602년 동인도회사를 세웠는데, 선주나 상인, 중산층 등 다양한 계층의 사람들에게 모은 자본으로 설립한 근대 최초의 주식회사이자 17세기 세계 최대의 회사였지요. 이를 바탕으로 네덜란드의 동인도회사는 아시아에서 무역을 장악했습니다.

네덜란드의 플라이트선.

상업으로 축적한 부는 군사력을 증진하는 데에도 사용했어요. 타이완, 인도네시아, 희망봉, 브라질, 뉴암스테르담 등 세계 여러 지역을 점령하고 일본의 무역을 독점하기도 했습니다. 그 덕에 네덜란드는 스페인, 영국과 같은 강국으로부터 독립을 유지한 채 계속 새로운 시장을 개척할 수 있었지요.

네덜란드의 배인 플라이트선은 해적을 상대하기 위한 대포를 포기하고 갑판을 좁게 만들었어요. 배는 가벼워졌고 속도가 빨라졌어요. 화물칸은 넓혀 더 많은 짐을 싣고 필수 승선 인원도 줄여 인건비를 줄였지요. 배를 만드는 데 드는 비용도 영국 배의 60%로 저렴하여 해상무역에 최적화한 배였습니다.

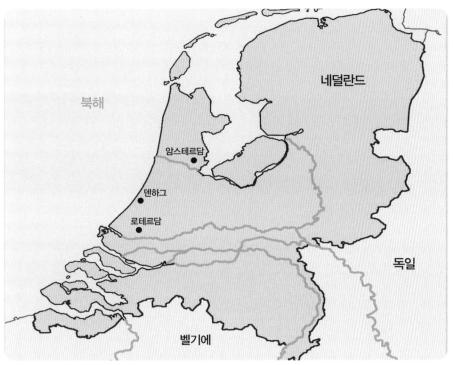

주변국들의 하천이 북해로 흘러들어가기 위해 거쳐 가는 네덜란드.

이렇게 네덜란드는 한때 세계를 제패한 해상 국가로서 저력을 가지고 있는 나라예요.

오늘날에도 네덜란드는 반경 500km 이내 1억 7,000만 명의 소비 시장에 도달할 수 있는 지리적 조건과 우수한 산업 노동력, 정부 주도의 물류 산업 육성 노력 등을 바탕으로 세계 물류 산업 선두 주자 자리를 굳건히 지키고 있어요.

영국, 벨기에, 독일, 프랑스 등 유럽의 대표적인 공업 국가들과 인접하고 있으며, 또한 유럽의 주요 하천인 라인강, 뮤즈강, 셜트강 등이 네덜란드를 거쳐 북해로 흘러 들어가고 있지요. 이러한 지리적 위치를 최대한 활용하여 유럽의 물류 중심지 역할을 하고 있어요. 로테르담 항은 뉴욕, 상하이와 함께 세계에서 가장 큰 무역 항구 중 하나로서 유럽의 관문으로 불리기도 합니다.

또 지정학적 요인과 상업 국가로서의 성격으로 인해 네덜란드는 일찍부터 국제법 형성 과정에도 적극적으로 참여해 왔어요. 헤이그 만국평화회의(1899년 및 1907년 2차례) 개최, 국제사법재판소(ICJ), 상설중재재판소(PCA), 국제형사재판소(ICC) 등을 유치하여 국제법의 중심 국가로서의 역할을 수행하고 있지요. 부트로스 갈리 전 유엔 사무총장은 법의 지배 정착 및 평화 구축 과정에 있어 국제법의 역할을 강조하면서 1998년 헤이그를 '국제법의 수도'로 부르기도 했어요.

좁은 국토에서 많은 인구를 부양하기 위하여 첨단 농업기술을 발전시키고, 17세기 무역 국가로서의 전통을 살려 무역, 금융 및 서비스 산업이 발달한 네덜란드, 다시 최고의 해상 세력으로 떠오를 날이 기대됩니다.

르네상스를 꽃피운 이탈리아의 힘은 무엇일까?

　많은 여행자가 유럽을 방문해서 예술 작품을 구경합니다. 유럽 각국에는 미술과 문학, 음악 등 찬란한 문화유산이 많이 남아 있지요. 유럽의 14세기부터 16세기까지를 흔히 르네상스 시대라 합니다. 르네상스는 신(神) 중심의 시대를 끝내고 인간을 중심에 두자는 흐름으로 중세를 끝내고 새로운 과학의 시대, 근대의 바탕을 마련했어요. 르네상스 정신이 시작된 곳이 바로 이탈리아였지요.

　새로운 정신은 알프스를 넘어 프랑스 · 네덜란드 · 영국 · 독일 등으로 퍼져나가 거대한 시대적 흐름이 되었습니다. 재생과 부흥을 의미하는 프랑스어 르네상스(Renaissance)도 이탈리아어 리네시타(Rinescita)에서 유래하였지요.

　14세기부터 시작된 르네상스는 유럽 전역에서 꽃을 피웠지만 가장 먼저 그리고 가장 찬란하게 르네상스를 맞이한 지방은 이탈리아였어요. 왜 하필 이탈리아 반도였을까요?

　이탈리아는 유럽 중남부에 위치한 반도 국가로 유럽 문명의 기원지로 꼽혀요. 5세기 게르만족의 침입으로 서로마 제국이 멸망한 이후 이탈리아반도에는 19세기 후반까지 통일 국가가 세워지지 못하고 여러 세력이 어지럽게 있었지요. 그 이유로는 지중해 한가운데에 있어 외부의 간섭을 받기 쉽다는 지리적 요인이 크게 작용했지요.

그러나 동시에 이탈리아반도는 아시아와 아프리카, 서양을 연결하는 교역로의 정중앙에 있어 중계무역으로 부를 쌓을 수 있었어요. 또한 금융업이 발달하여 경제력을 거머쥔 상인들이 제노바, 밀라노, 피사 등에 자치 도시를 만들었지요. 당시 신성 로마 제국과 대립하던 로마 교황도 세력을 키우기 위해 시민의 자치화에 힘을 보탰어요.

이탈리아에는 고대 그리스·로마 유산이 많이 남아 있었고, 유럽에선 잊힌 그리스·로마 고전 연구도 십자군 전쟁을 치르며 이슬람 국가로부터 다시 유

아시아, 아프리카, 유럽 등에 둘러싸인 이탈리아반도.

입되었지요. 여기에 도시 국가의 부유한 통치자들이 고전 문화 연구를 후원하면서 인간 중심적 문예 부흥 운동인 르네상스가 일어난 거예요.

특히 15세기와 16세기의 르네상스를 꽃피우며 유럽의 핵심 도시로 성장한 곳이 있어요. 바로 이탈리아의 피렌체입니다. 12~13세기 피렌체는 모직물 산업과 금융 기술이 크게 발전해 상인과 노동자가 모여들며 큰 도시로 발전했어요. 13세기 중반에는 신흥 상인 계층이 성장하면서 기존 세력과 대립했는데, 시민·노동자·농민의 지지를 받던 신흥 상인 계층의 혁명을 통해 강력한 공화국으로 변신했답니다. 한때 교황과 대립해 도시 전체가 파문(가톨릭에서 신도 자격을 빼앗는 일)당하며 막대한 배상금을 지불하는 위기를 겪기도 했으나, 14세기 말이 되면 무역과 금융 발전을 바탕으로 이탈리아 경제·문화 중심지가 되었어요.

르네상스 문화가 발전한 피렌체.

피렌체에서 르네상스 문화가 크게 융성할 수 있었던 것은 메디치 가문의 후원 덕분이었어요. 메디치 가문은 13세기부터 피렌체에서 세력을 키웠는데, 15~17세기 상업과 은행업을 통해 피렌체를 실질적으로 지배했어요. 메디치 가문의 조반니는 메디치 은행을 만들었고, 그의 아들 코시모는 이탈리아 다른 지역뿐 아니라 영국 런던, 프랑스 아비뇽 등지에 은행 지점을 늘리며 금융업을 확대했어요.

메디치가는 풍부한 경제력으로 예술가들을 불러모으고 고대의 공예품과 고전 문헌을 수집하는 등 화려한 생활을 즐겼어요. 메디치가는 보티첼리, 레오나르도 다빈치, 미켈란젤로 등 지금 우리에게도 익숙한 이 시기 위대한 예술가들의 활동을 후원하며 르네상스의 절정을 이끌었어요. 메디치가의 지원을 통해 만들어진 우피치 미술관(Uffizi Gallery), 피티 궁전(Palazzo Pitti)은 지금도 르네상스 정신을 담은 랜드마크로서 도시의 명소화에 크게 기여하고 있어요.

현재 통용되고 있는 피아노 건반의 원형 역시 메디치가에서 탄생했어요. 18세기 초 쇠퇴기에 접어든 메디치가의 악기 수리공 바르톨로메오 크리스토포리(1655~1731)가 피아노를 발명했어요.

피아노의 전신인 쳄발로라는 악기는 음의 강약을 표현하기 힘들어서, 크리스토포리는 연구를 거듭해 연

메디치가의 지원을 받아 만든 우피치 미술관.

주가가 자유로이 음의 강약을 바꿀 수 있는 악기를 만들었는데 그것이 피아노였답니다.

그는 새로운 악기 이름을 '강약을 부여할 수 있는 쳄발로(클라비쳄발로 코르 피아노 에 포르테)'라고 지었는데 그 이름이 너무 길어 피아노 포르테라는 약칭으로 통용되다가 이윽고 피아노로 정착되었어요. 크리스토포리는 메디치가의 명성에 부끄럽지 않도록 가능한 한 값비싼 재료를 사용해 악기를 만들었어요. 건반은 견고하고 호화로운 상아를 썼고 나중에 추가된 검은 건반 역시 값비싼 흑단을 사용했지요. 백과 흑이라는 피아노 건반의 기원에도 메디치가의 영화가 숨어 있는 것이에요.

그러나 영원할 것 같았던 피렌체의 영광도 내리막길을 걷게 되었어요. 16

세기 초에 종교개혁이 시작되자 이탈리아 역시 가톨릭과 신교도의 대립에 휘말렸기 때문이지요. 1527년 신성 로마 제국 황제 카를 5세는 로마 교황이 프랑스와 결탁하자 로마로 출병해 파괴와 약탈을 자행했고 이는 이탈리아 르네상스의 막을 내리는 상징적 사건이 되었어요.

그럼에도 종교 개혁은 이탈리아 문화와 예술이 유럽 전역에 퍼지는 계기가 되었어요. 신교도의 세력이 커지자 위기감을 느낀 로마 가톨릭 교회가 유럽 왕후와 기족들의 지지를 얻고자 소박함을 중시하는 신교도에 맞서 화려하면서도 장엄한 예술을 장려했기 때문이지요. 그렇게 르네상스 문화는 서양 문화의 밑거름이 되었어요.

스위스는 왜 누구의 편도 들지 않을까?

오늘날 세계는 서로 협력해서 다 함께 잘살기 위해 노력하고 있지만 때때로 각 나라들 간에 경쟁을 하거나 갈등이 깊어질 때가 있어요. 제1차 세계 대전과 제2차 세계 대전을 치렀으며 아직도 지구상 어딘가에서는 끊임없이 전쟁과 분쟁이 일어나고 있지요. 이럴 때 누가 싸움을 중재하는 역할을 할까요? 여기에 그 누구의 편도 들지 않으며 중심을 지키는 나라가 있습니다. 바로 스위스예요.

스위스는 전 국토의 70%가 산악 지대로 이루어져 있어요. 호수까지 합치면 약 75% 정도는 농작물을 경작할 수 없는 땅이고, 나머지 토지도 고지대 특성상 일교차와 냉해가 심해서 농사를 짓는 것이 어렵다고 해요. 그래서 과거 농경 시대에는 스위스가 유럽에서 경제적으로 부유하지 못했고, 유럽의 중

높은 산들이 많은 스위스.

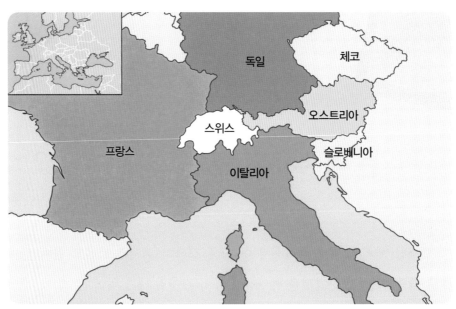

강대국들로 둘러싸인 중립국 스위스.

앙에 위치하여 주변국들로부터 오랜 기간 위협을 받아왔지요.

스위스는 지정학적으로 4~5개의 국가가 인접해 있어요. 프랑스, 독일, 오스트리아, 이탈리아 등 강대국들과 국경을 맞대고 있었답니다. 교통의 요지였던 스위스는 독일, 프랑스, 이탈리아, 오스트리아로부터 오랜 기간 침략을 받아왔고 강대국들의 전쟁터가 되곤 했어요.

스위스는 살아남기 위해서 그 누구의 편도 들지 않기로 했어요. 나라 사이의 분쟁이나 전쟁에 관여하지 않으며 중간 입장을 지키는 나라를 바로 중립국이라고 하는데, 스위스는 영원한 중립국으로 인정받았답니다. 하지만 스위스의 중립이 처음부터 쉽게 인정을 받은 것은 아니에요.

스위스는 1499년 독립 이후로 중립국이 되고자 했어요. 그러나 훨씬 뒤인

19세기에서야 중립에 대해 언급되기 시작하였지요. 당시 프랑스의 나폴레옹이 전쟁에서 패배해 유럽의 강대국들이 유럽 질서에 대해 논의하기 위해 오스트리아 빈에서 회의를 하였는데, 안건 중 하나가 유럽의 중요한 지리적 요충지인 스위스 땅을 어떻게 하느냐였어요. 스위스가 어느 한 나라로 넘어가면 그 나라에 너무 유리한 지리적 이점을 주기 때문에 주변국들은 스위스의 독립을 유지해 주기로 한 것이죠.

중립국이 되면 가장 좋은 점은 무엇일까요? 그것은 나라의 안전을 보장받을 수 있는 것이에요. 그 누구의 편도 들지 않음으로써 전쟁으로부터 내 나라의 안전을 약속받는 것이죠. 그렇지만 중립국이 되고 싶다고 해서 어느 나라나 인정받는 것은 아니랍니다. 현대 사회에서 중립국이 되려면 기본 조건이 있어요. 1907년 헤이그 제2차 국제 평화회의와 여러 국제회의에서 논의된 조건들이에요.

강대국에 둘러싸여 잦은 침략을 겪은 아픈 역사가 있는 나라들 중에서 국민들이 확고한 중립국 의지가 있는 나라여야 해요. 또 지역의 세력 균형을 맞출 수 있도록 완충 역할을 할 수 있어야 하고요, 주변의 강대국들이 중립국을 침범하지 않는다는 국제 협정을 맺어야 하지요. 마지막으로 가장 실질적인 이유인데 주변국에게 아주 매력적인 이득이 있어야 중립국으로 인정받을 수 있답니다.

오늘날 스위스는 완전한 중립국으로 많은 이점을 가지고 있어요. 단순히 전쟁을 피할 뿐 아니라 국제 정치의 중심 무대 역할을 하고 있지요. 세계적인 외교적 중재 역할을 맡고 있으며 다양한 국제 조약, 협약, 그리고 갈등 해결에 도움을 주고 있어요.

세계무역기구(WTO), 국제적십자사(Red Cross), 국제보건기구(WHO), 국제노동기구(ILO), 세계지식재산기구(WIPO) 등 30여 개의 주요 국제기구가 있고, 250개에 달하는 국제 비정부기구(NGO) 단체들이 스위스에 본사를 두고 있답

다양한 국제기구가 있는 스위스(국제적십자사, 국제보건기구 등).

니다. 국제올림픽위원회(IOC), 국제축구연맹(FIFA) 본부 역시 각각 로잔과 취리히에 있지요. 중립국이기 때문에 국방력을 최소화하여 국방 예산을 줄이고, 외국의 전쟁이나 갈등에 직접적으로 개입하지 않기 때문에 평화와 안정을 유지할 수 있어요.

하지만 스위스가 아무 대가 없이 이득만 취한 것은 아니에요. 국제법상 영세중립국의 지위를 유지하기 위해서는 중립의 의무를 이행하지 않고 교전국을 지원하거나 교전국에 편의를 제공할 경우 중립을 인정한 국가들에 의해 해당 중립국의 국제적 지위가 사라지기 때문이죠. 이 때문에 영세 중립국을 표방해 온 스위스는 유럽의 강력한 군사 동맹인 나토 회원도 아니고, 유럽연합에도 가입하지 않고 있어요. 심지어 스위스는 유엔 역시 한동안 가입하지 않다가 국민투표 결과에 따라 2002년이 되어서야 정회원 국가로 공식 가입했답니다.

중립국을 선택한 스위스의 전략은 앞으로도 어지러운 세계에서 힘을 발휘할 수 있을지 궁금해집니다.

3.오세아니아

태평양의 작은 섬나라는 어떻게 세계 초강대국의 관심을 집중시켰을까?

태평양은 우리가 살고 있는 지구의 절반 가까이를 차지할 만큼 넓은 면적을 가진 바다예요. 심지어 이 바다는 세계의 모든 대륙을 합친 것보다 더 큽니다. 그래서 멀리서 태평양을 보았을 때 온통 바다로 뒤덮여 있는 것 같지만 실제로 이 큰 바다 안에는 수많은 섬들이 있고, 그만큼 많은 국가들이 존재한답니다.

물론 대부분의 작은 섬들은 사람이 살지 않는 무인도이기도 하지만요. 우리가 흔히 알고 있는 하와이, 피지, 투발루, 솔로몬 제도 등이 태평양에 속해 있는 섬 또는 나라들이죠.

태평양에 있는 섬들은 과거 프랑스, 영국 그리고 미국의 식민 지배를 받았어요. 태평양의 가장 큰 국가인 호주(오스트레일리아)는 과거 영국의 식민 지배를 받았고, 이웃 나라 뉴질랜드도 영국의 지배를 받았죠. 이후 피지, 솔로몬 제도, 투발루 등의 작은 섬나라들이 차례로 영국의 지배를 받다가 독립하게 되었습니다.

하와이는 폴리네시아 왕국으로 번영을 누렸지만 미국에 의해 합병되었고, 현재는 미국의 50번째 주에 속해요. 하지만 괌과 사모아는 여전히 미국의 영향을 받고 있어요. 프랑스도 지금까지 뉴칼레도니아를 소유하고 있답니다.

이곳의 모든 섬 면적을 합하면 약 97만 4,000제곱킬로미터 정도인데, 이는 한반도 전체 면적의 약 네 배 정도로 넓은 태평양에 비해 상당히 좁은 면적을 가지고 있어요.

이처럼 드넓은 태평양에 띄엄띄엄 떨어져 있는 작은 섬나라들이 지금 세계에서 가장 강한 두 나라 미국과 중국의 집중적인 관심을 받고 있다면 믿을 수 있나요? 왜 두 강대국은 이 섬나라들을 자기 편으로 만들기 위해 애쓰고 있는 걸까요?

제2차 세계 대전 동안 이 섬나라들은 많은 강대국이 영향력을 확대하기 위해 노력했던 전략적인 지역들이었습니다. 태평양은 아시아와 아메리카를 연결하는 중요한 위치에 있었고, 이곳의 섬을 점령한다면 두 대륙을 오가는 적의 함선 이동을 방해할 수 있었죠. 뿐만 아니라 섬은 군사 기지로서도 중요한 가치를 지녔습니다. 넓은 활주로를 확보할 수 있는 섬은 항공기를 운용하는 데 유리했고 깊은 바다를 가진 섬은 함선을 주둔시키기에 적합했죠.

하지만 전쟁이 일어나고 있지 않은 현재에 이 섬들은 또 다른 의미로 강대국의 전략적 요충지로 관심을 받고 있습니다. 특히 중국과 타이완 사이에 갈등이 심화되면서 시작되었죠. 두 국가의 갈등이 섬나라에 끼친 영향은 유엔 투표권의 영향력에 달려 있어요. 태평양의 섬나라들은 제2차 세계 대전 이후 독립을 선언하고 유엔에 가입하게 됩니다. 그러면서 국제 사회로부터 독립 국가로 인정을 받았죠.

유엔 총회에서는 하나의 국가에 한 개의 투표권을 부여하는데 중요한 사안을 결정할 때 다수 국가의 찬성 투표가 필요합니다. 상대적으로 인구가 적고, 경제적으로 어려움을 겪고 있는 태평양의 작은 섬나라들이 인구가 많고 경제력이 강한 나라와 동등하게 한 표를 행사할 수 있으니 중국 입장에서나 타이완 입장에서는 강대국을 설득하는 것보다 섬나라들을 설득하는 것이 훨씬 쉬웠어요.

사모아, 통가, 피지는 중국으로부터 상당한 금전적 지원을 받는 대신 티베트에서 발생하고 있는 인권, 독립 문제에 대해 중국 입장에서 투표권을 행사하였

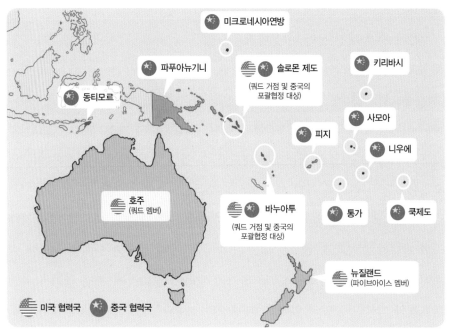

남태평양 미·중 협력 국가 현황.

죠. 이런 효과를 톡톡히 보았던 중국은 2014년 시진핑 주석이 직접 피지를 방문해 많은 섬나라들과 정상회의를 개최하였고, 계속해서 중국을 위해 투표권을 행사해 준다면 더 많은 경제적 지원을 해 주겠다는 약속까지 하게 됩니다.

반면 타이완은 이러한 중국의 욕심이 결국 타이완을 하나의 중국으로 만드는 데까지 영향을 끼칠 것이라고 판단해 팔라우, 키리바시, 마셜제도 등에 적극 투자하고 지원함으로써 유엔 투표에서 혜택을 받고 있어요. 태평양의 섬나라들을 향한 두 국가의 애정은 기어코 미국이라는 초강대국까지 끼어들게 만듭니다.

엄청난 경제력을 바탕으로 계속해서 태평양 섬나라에 대한 영향력을 확대해 나가는 중국을 견제하기 위해 미국은 더욱 적극적으로 이들 나라들과 좋은 관계를 맺기 위해 노력하고 있어요. 이라크나 아프가니스탄처럼 테러나 독재자를 제거하는 데 힘을 쏟아붓던 미국이 두 지역을 벗어나 태평양으로 관심 방향을 바꾸는 중요한 정책 결정을 하게 됩니다.

이러한 미국의 변화에 중국은 예민하게 반응하고 있지만 국제적인 영향력을 행사하는 데 미국을 이기기는 쉽지 않은 상황이죠. 미국은 더욱 적극적으로 영향력을 넓혀 가며 태평양 지역의 수많은 군사 기지를 확장하거나 새롭게 건설하고 있어요. 이는 태평양 지역이 정치적으로나 군사적으로 핵심적인 위치에 있다고 판단했기 때문입니다.

하지만 빠른 경제 성장을 바탕으로 부를 축적해 온 중국이 미국에 질세라 섬나라들에 대한 더욱 적극적이고 강력한 금전적 지원을 하면서 세계에서 가장 강한 두 나라의 경제적 출혈이 태평양의 작은 섬나라에서 벌어지게 되었습니다.

　미국과 중국보다 태평양의 섬나라에 대한 영향력이 더욱 강한 두 나라가 있습니다. 바로 호주와 뉴질랜드입니다. 이 두 나라는 여전히 태평양의 섬나라들과 정치적으로 연결된 상태입니다. 호주는 예전에 식민지배를 하던 파푸아뉴기니와 정치적인 연결고리로 이어져 있으며, 뉴질랜드는 니우에, 쿡 제도, 토켈라우 등에 직접적인 통제를 가할 수 있을 정도의 영향력을 가지고 있죠.

　상대적으로 미국과 더욱 깊은 관계를 맺고 있는 호주와 뉴질랜드 입장에서

① 파푸아뉴기니: 2023년 미국과 방위협력협정 체결 ② 피지: 2022년 중국 10개 태평양 도서국 외교장관 회의 개최
③ 솔로몬 제도: 2022년 중국과 안보협정 체결, 미 대사관 재개설 ④ 바누아투: '하나의 중국' 지지. 미 대사관 개설 예정
⑤ 마셜제도: 2023년 미국 전략협정 체결 ⑥ 키리바시: 2019년 대만 외교 단절. 미 대사관 개설 예정

인도태평양 격전지로 떠오른 태평양의 섬나라들.

는 태평양의 섬나라들이 중국과 우호적인 관계를 맺고 동반자가 되는 것을 반갑지 않게 생각하고 있습니다. 특히 중국의 인권 정책이나 첨단 산업 분야의 기술 유출 문제를 부정적으로 생각하고 있던 호주는 중국과 극심한 갈등을 겪으며 미국이 주도하는 중국 경제 제재에 적극 참여를 하게 되는 상황까지 발생하게 되었죠. 두 나라 사이에서 눈치를 보던 섬나라는 결국 이쪽 편도, 저쪽 편도 들지 못한 채 곤란한 상황에 빠지게 됩니다.

이처럼 태평양 섬나라들의 이야기를 늘어놓다 보면 이들이 독립적으로 자신의 나라를 운영하는 것이 아닌 강대국의 힘에 이끌려 가고 있는 상황이라는 것을 알게 될 거예요. 겉으로 보기에는 위치적 강점을 가지고 있는 것처럼 보이지만 강대국들의 이익에 따라 좌지우지되는 상황이 발생하고, 결국 그들에게 운명을 맡길 수밖에 없는 상황입니다.

매우 중요한 곳에 위치해 있지만, 힘이 강한 나라들 사이에서 지리적 장점을 살리지 못하고 휘둘렸던 우리나라의 과거 상황과 닮아 있습니다. 과연 태평양의 작은 섬나라들은 어떻게 이 어려움을 이겨내고 스스로 목소리를 내며 살아갈 수 있을까요?

호주는 왜 신냉전의 혜택을 받게 되었을까?

여러분은 냉전(COLD WAR)이라는 단어를 들어 본 적 있나요? 차가운 전쟁이라는 뜻의 이 단어는 제2차 세계 대전이 끝난 1945년부터 소련의 붕괴가 일어나는 1991년까지 미국과 소련을 비롯한 양 국가의 동맹국들 사이에서 발생한 국지적 전쟁과 갈등, 경쟁 상태로 인한 대립을 의미해요.

그런데 2000년대 이후 중국이 눈부신 발전을 이룩하며 새로운 냉전 체제가 만들어지기 시작했어요. 미국과 유럽연합, 일본 중심의 친서방 국가와 중국 및 러시아 중심의 반서방 국가들 간의 체제적, 이념적 경쟁이 시작되었지요. 경제적, 군사적 갈등이 극에 달했던 구냉전에 비해 정치·경제·문화 등 모든 분야에서 경쟁이 발생한 이러한 국제적 상황을 제2차 냉전 또는 신냉전이라고 부르게 되었어요.

이러한 신냉전 시대는 구냉전 시대와는 명확한 차이점을 가지고 있어요. 구냉전 시절 각 진영끼리의 협력은 아예 없었어요. 자본주의와 사회주의의 대결, 핵무기 보유 경쟁 등 철저하게 분리된 채 서로의 지배 체제를 확대하려는 모습이었지요. 그러나 신냉전에서는 민주주의와 전체주의라는 가치의 충돌을 바탕으로 하면서도 경제·국제 관계

경제적, 군사적 갈등이 심했던 구냉전 시대.

에서는 서로 긴밀히 연결되어 있어요.

2023년 재닛 옐런 미국 재무장관이 존스홉킨스대학에서 한 연설의 한 대목인 "미국은 중국과의 디커플링(분리)을 원하지 않는다. 그것은 재앙 같은 결과를 초래할 것이기 때문이다."라는 연설에서도 잘 볼 수 있습니다. 우리나라 또한 1990년 전까지는 적대국으로 바라봤던 중국과 러시아, 반서방 국가와의 수교를 맺고 있고 모두 교역을 하고 있답니다.

그러나 연결되어 있다고 하여 충돌이 없는 것은 아니에요. 타이완을 둘러싸고 벌어지는 중국과 미국의 힘겨루기, 2022년 러시아 전면 침공으로 인해 발생하는 나토와 러시아의 대립 등 전면전이 아닌 국지적인 전쟁이 다시 시작되고 있어요. 우리나라도 분단 국가로서 러시아와 중국, 미국과 일본 등 우리나라를 둘러싼 나라들의 갈등이 언제 터질지 모르는 상황이에요.

군사적 충돌뿐만 아니라 모든 나라의 경제 체제가 긴밀하게 연결되어 있는

상황에서 해당 국가가 누구의 편인가에 따라 경제적 제재와 수출·수입 금지 등을 통해 경제적 갈등 또한 심해지고 있지요. 러시아–우크라이나 전쟁에서 서방 국가들이 러시아에 경제적 제재를 하는 모습이 이러한 갈등의 대표적인 예시라고 할 수 있지요.

그러나 이런 신냉전 시대에도 성공적인 외교를 통해 꾸준히 성장을 하고 있는 나라가 있어요. 바로 호주랍니다. 호주는 어떻게 성공적인 외교를 하고 있는 것일까요? 호주가 신냉전에 발을 담그기 시작한 시기는 2018년입니다.

2018년 호주는 미국과의 무역액보다 세 배나 큰 규모로 중국과 무역하고 있었어요. 그러나 호주는 2018년 도널드 트럼프 미국 대통령이 실시한 중국 화웨이 제재에 참여하며 중국과의 갈등이 시작되었어요. 또 2020년 코로나 바이러스가 전 세계에 창궐하자 코로나 바이러스의 기원을 국제 조사해야 한다는 입장에 앞장서면서 중국과의 갈등이 깊어져 갔어요.

호주가 중국을 견제하기 시작하자 중국은 호주를 겨냥해 석탄 수입 금지 등 무역 보복 조치를 했어요. 호주는 최대 석탄 수출국인 중국에 대한 수출이 막히자 390억 달러에 이르는 손실을 입게 되었어요. 그러나 호주는 중국의 이런 경제 보복에도 자신들의 주권과 국익을 지키기 위해 우리가 할 수 있는 것은 한다라는 외교 정책을 굽히지 않았어요. 호주는 중국을 대신할 석탄과 면화 및 주요 광물의 수출 대체국을 찾기 시작했어요.

중국은 신냉전 시대에 자원을 무기화하였어요. 넓은 영토와 그 안에 묻힌 수많은 자원을 통해 다양한 이익을 누리고 있던 중국은 친서방 국가들에게 "우리의 편이 되지 않는다면 자원을 수출하지 않겠다."라는 방향성을 가지고

국가 무역을 진행하였어요. 이미 상당 부분의 자원을 중국에 의존하고 있던 친서방 국가들에게는 큰 타격이 발생하는 정책이었어요.

그러나 중국의 편이 될 수 없었던 친서방 국가들은 자원 위기를 이겨 내기 위해 중국에서 수입하는 자원의 비중을 줄이면서 중국을 대신해 자원을 공급해 줄 수 있는 나라를 찾기 시작했어요. 신냉전 시대에 불안함 없이 자원을 안정적으로 공급해 줄 수 있는 우리 편인 나라가 필요했던 것이죠.

이러한 상황이 중국의 무역 보복으로 힘들어하던 호주의 상황과 잘 맞아떨어졌어요. 친서방 국가들은 안정적인 자원 공급을 위해 호주와 긴밀한 관계를 더 유지하기 위해 노력했고 호주는 중국을 대체할 수 있는 안정적인 수출 국가들을 찾을 수 있었던 것이지요. 상황이 잘 맞물려 호주는 중국의 경제 제재를 큰 타격 없이 이겨낼 수 있었어요.

호주의 혜택은 경제적인 것뿐만이 아닙니다. 지정학적으로 태평양과 인도양의 사이에 위치한 호주는 신냉전 시기의 군사적 동맹에서도 중요한 나라가 되었어요. 중국이 바다로 뻗어 나가려는 것을 막기 위해 인도, 일본이 중국과 날카롭게 대립하고 있는 상황에서 호주는 인도와 일본의 가운데에 위치하여 중국의 확장을 막기 위한 중요한 전략적 공간이 되었어요.

호주가 중국을 견제하는 것을 효과적으로 할 수 있게 미국은 전폭적인 지원을 아끼지 않았어요. 인프라 투자 같은 경제적 지원뿐만 아니라 쿼드 동맹

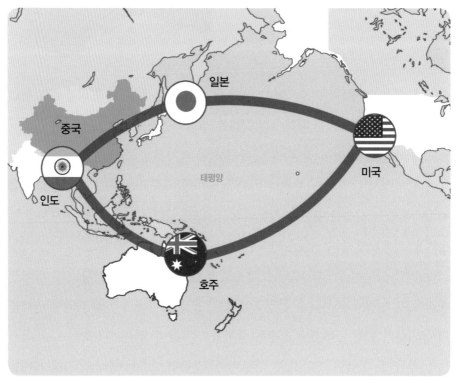

중국 견제를 목적으로 구성된 군사적 동맹 쿼드.

(인도, 일본, 호주, 미국의 군사적 동맹) 등을 통해 호주의 국방력을 성장시켜 주고 있답니다. 이러한 군사적 지원의 예시로 바다로 나오려는 중국을 견제하기 위해 호주에 핵잠수함을 제공하기로 약속하였어요. 핵잠수함은 핵보유국들 중에서도 영국, 프랑스, 러시아, 인도, 중국, 미국 단 여섯 개 국가만 가지고 있는 굉장히 강력한 군사 무기 중 하나예요.

제2차 세계 대전 이후 냉전 시대에 러시아를 견제하기 위해 유럽과 일본에 지원을 아끼지 않았던 미국은 신냉전 시대를 맞이하여 중국을 견제하기 위해 호주에 경제적, 군사적 지원을 아끼지 않았어요. 이로 인해 호주는 경제적으로도 군사적으로도 큰 성장을 이루고 있어요. 친서방 세력의 한 축을 담당하며 서방 세력들과의 동맹도 공고히 하고 있으면서도 중국과의 무역 전쟁에서도 승리하는 모습을 보여주었답니다.

신냉전 시대의 핵심 지역에서 다양한 국가와의 무역을 통해 경제를 유지하는 우리나라 또한 호주의 모습을 본보기 삼아 어떠한 방향으로 나아가야 할지에 대해 고민해 보는 것이 필요할 것 같습니다.

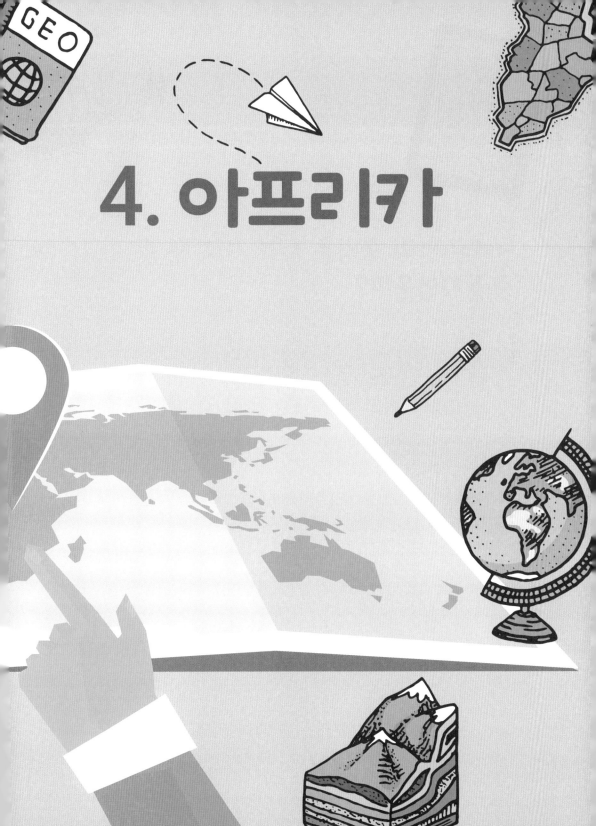

4. 아프리카

아프리카의 국경은 누가 자로 잰 듯 구분지었을까?

세계 지도를 보고 있으면 우리가 얼마나 큰 세상에서 작은 존재로 살아가고 있는지 실감할 수 있어요. 우리나라 지도를 보더라도 내가 사는 지역이 대한민국의 아주 작은 일부분이죠. 사람들은 이렇게 작은 공간에 살고 있다는 걸 느끼게 되면, 조금 더 넓고 조금 더 멀리 자신의 세력을 키워 나가길 원한답니다. 그래서 다른 사람의 영토를 빼앗기 위해 또는 영토를 빼앗기지 않기 위해 과거에도 그리고 현재에도 지구촌 곳곳에서 전쟁이 일어나고 있는 것이죠.

대륙별로 지도를 유심히 살펴보면 유독 우리 눈에 띄는 하나의 대륙이 있어요. 바로 아프리카입니다. 대륙의 크기가 어마어마한 것뿐 아니라 아프리카 안에 그어진 인공적인 선들이 눈에 띌 거예요.

아프리카의 국경이 마치 자를 대고 잰 듯한 일직선으로 죽죽 그어져 있는 모습이죠. 아프리카의 국경이 농담처럼 실제로 자를 대고 그어졌다면 여러분은 믿을 수 있나요?

어떻게 나라의 경계를 자를 대고 그을 수 있는지, 또 도대체 누가 그렇게 함부로 국경을 그었는지는 아프리카의 아픈 역사 속에 숨어 있답니다.

우리 인류가 최초로 발생한 곳, 우리의 조상이 처음으로 지구에 발을 내딛은 아프리카. 이곳에서 평화롭게 살아가던 사람들은 하루아침에 완전

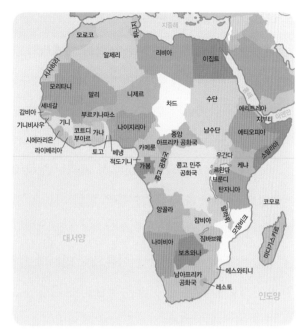

자로 잰 듯 국경선들이 그어진 아프리카 나라들.

히 바뀐 세상을 마주하게 됩니다. 바다 건너 먼 대륙 유럽에서 동양을 오가던 사람들이 이슬람 세계로 인해 동양과의 교류가 끊어지게 됩니다. 동양의 풍부한 문화와 자원을 호시탐탐 노리고 있었던 유럽인들의 입장에서는 끊어진 동양과의 관계를 이어 나갈 수 있는 방법은, 육로가 아닌 배를 타고 가는 방법과 동양과 비슷한 특징을 가진 땅을 다시 찾아내는 일이었어요.

포르투갈을 중심으로 유럽의 힘센 나라들이 배를 타고 새로운 바닷길을 찾아 나섰고, 그들은 미지의 땅 아프리카에 도착하게 됩니다. 그들에게는 미지의 땅이었지만 아프리카에는 이미 사람들이 살고 있었죠.

유럽인들은 여기에서 멈추지 않고 더 새로운 곳을 향해 떠났고 아메리카라

는 대륙도 발견하게 되었어요.

하지만 아프리카의 운명은 유럽이 아메리카 대륙을 발견하고 나면서 시작되었어요. 아메리카를 식민 지배하던 유럽은 자신들이 가지고 있던 전염병에 면역이 없던 아메리카 원주민들을 무참히 죽게 만들었고, 그때부터 아메리카 원주민들이 만들어 놓은 문명은 순식간에 파괴되었습니다.

아메리카 대륙에 아무리 풍부한 자원이 있다 하더라도 일해야 할 사람들이 전염병으로 죽고 나니 유럽인들은 일할 사람을 찾았고, 그때 아프리카를 떠올렸습니다.

그들은 '노예 무역'이라는 이름으로 인간의 존엄과 가치를 훼손하는 엄청난 일을 저지르게 되었고, 수많은 아프리카 사람들은 마치 물건처럼 대서양 바다를 건너 아메리카 대륙으로 끌려가게 되었어요. 아프리카에서 발생한 첫 번째 비극이 유럽인들의 손에서 만들어졌습니다.

오랜 시간 동안 아프리카를 점령하며 비옥한 아프리카 땅에서 초콜릿의 원료인 카카오, 설탕의 원료인 사탕수수, 커피 등을 마구 빼앗아 가던 유럽이 사람을 빼앗고 자원을 빼앗는 걸 넘어 아프리카 영토를 넘보게 됩니다. 그들에게 있어 아프리카는 가능성을 무한히 가진 기회의 땅이었기 때문이죠. 세계를 이끌어 나가던 유럽의 강한 나라들은 자신들의 존재감을 높이는 방법으로 세계 곳곳에 자기의 영토를 확보하기에 나섰고 그렇게 아프리카는 조금씩 조금씩 유럽인들에게 공간을 내어주었답니다.

영국, 프랑스, 포르투갈, 벨기에, 네덜란드 등 유럽의 수많은 나라들이 아프리카로 영토를 확장해 나가면서 아프리카에는 어둠의 그림자가 더욱 짙게 깔리기 시작했습니다.

그들이 가진 언어와 종교는 물론이고 모든 문화까지 유럽인들의 것으로 바뀌기 시작한 거죠. 하지만 그곳에서 활동하던 유럽인들은 서로가 침범한 땅을 다시 빼앗기보다는 그들이 빼앗은 땅을

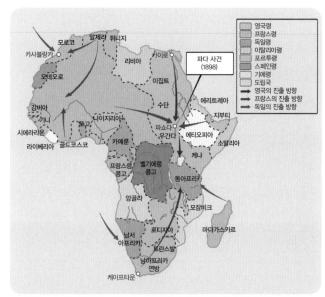

세계 강대국들이 진출해 영토 확장을 하던 아프리카.

명확하게 구분하기를 원했어요. 굳이 자신들끼리 싸울 필요가 없었던 거죠.

결국 아프리카를 점령한 유럽과 미국 등 열네 개 국가들은 1884년 11월부터 1885년 2월까지 독일 베를린에 모여 아프리카 땅을 어떻게 나눌지에 대해 서로 이야기를 나누었습니다. 이 회의에서 지금 우리가 세계지도를 통해 볼 수 있는 국경이 완성되었어요.

보통 국경은 강이나 산과 같이 자연적인 요소를 두고 나누지만 이들에게

그것은 귀찮고 번거로운 일이었어요. 그냥 편하게, 손쉽게 그들이 가질 영토를 결정하면 될 일이었기 때문입니다. 아프리카는 과거부터 부족끼리 모여 살았지만 유럽인들에게는 그 또한 고려할 만한 사항이 아니었어요.

결국 같은 부족이지만 서로 다른 나라 국민이 되었고, 다른 부족끼리는 한 나라의 국민이 되는 바람에 지금도 여전히 아프리카에서는 내전과 갈등이 발생하고 있답니다. 평화롭게 자신들의 삶을 살아가던 아프리카에 욕심 많은 유럽인들이 처음 발을 내딛은 순간부터 아프리카의 역사가 피와 눈물로 얼룩져 버리게 된 것이죠.

칼로 자른 듯한 국경이 아프리카 사람들의 마음을 칼로 벤 것은 아니었는지, 점점 국가의 경계가 사라지고 사람도 물건도 자본도 마음껏 넘나드는 세계화 시대에 아프리카는 전혀 다른 시대를 살아가고 있는 건 아닌지 모두가 생각해 보아야 할 문제예요.

여행 유튜버의 최종 목적지 이집트는
왜 여행이 어려울까?

여러분은 이집트 하면 사막, 피라미드와 스핑크스 등 굉장히 이국적인 모습들이 많이 떠오를 것 같아요. 이런 이국적인 이미지 때문에 우리나라의 많은 여행 유튜버들은 이집트 여행을 필수로 생각하는 것 같아요. 그러나 대부분의 여행 유튜버들은 이집트에 가서 많은 고통을 겪게 됩니다. 어떤 여성 여행객의 후기에는 이집트 방문시 온통 현지인들에게 둘러싸여 본인이 더 구경거리 같았다는 이야기도 있어요. 베테랑 여행 유튜버들도 힘들어하는 이집트 여행! 이집트 여행은 왜 이렇게 어려워진 것일까요?

이 질문에 해답을 얻기 위해서는 이집트의 과거와 현재 상황에 대해 알아봐야 해요. 고대 이집트는 4대 고대 문명 중 가장 풍요로운 땅으로 불렸어요. 고대 문명이 모두 커다란 강과 넓은 평야를 가지고 탄생했지만 이집트는 다른 문명에 비해 더 좋은 조건이 있었어요. 바로 나일강이 규칙적으로 범람한다는 것이지요. 매번 일정한 주기를 가지고 범람하는 나일강의 범람 시기를 예측하

이집트 피라미드와 스핑크스.

여 농사를 지으니 농작물이 홍수 피해를 입을 일이 거의 없었어요. 또한 강의 풍부한 영양분이 강이 범람할 때마다 주변 땅에 공급되기 때문에 늘 땅이 비옥하고 농사가 잘 되었지요.

고대부터 이집트는 로마 제국 등 많은 나라의 지배를 받아 왔으며, 매번 지배 국가들의 식량 창고 역할도 하였어요. 이러한 풍요로움 때문에 자연히 나일강을 따라 많은 유적과 도시들이 만들어졌어요. 현재도 이집트는 국토의 4% 정도 면적인 나일강 주변에 전체 인구의 85% 이상이 모여 살고 있어요. 나일강 주변을 제외한 나머지 땅들은 극한의 사막 기후로 사람이 살기 어려운 땅입니다. 수도인 카이로의 인구 밀도는, 인구 밀도가 높기로 유명한 서울과 비교해서도 훨씬 높은 편이에요.

외화벌이 수단으로 도움을 주는 수에즈 운하.

그러나 풍요의 땅이었던 이집트는 현재 빈곤 문제로 굉장한 어려움을 겪고 있어요. 유튜버들이 여행 가서 어려움을 겪는 이유도 결국 빈곤 문제와 연결되어 있어요. 일부 지도 계층이 국가의 부를 독점하고 있는 상태에서 국민의 상당수가 빈곤한 상태에 놓여 있어요. 국가 재정이 좋지 않기 때문에 공공 인프라와 국가 기간산업 및 교육에 대한 투자도 절대적으로 부족합니다.

이러한 상황에서 이집트의 빈곤층은 어떻게든 먹고 살기 위해 상대적으로 부유한 관광객들을 대상으로 돈을 갈취하고 있어요. 관광객들을 대상으로 한 범죄를 거리낌 없이 저지를 만큼 빈곤층의 삶이 어려운 상황이지요.

풍요의 땅 이집트는 왜 이렇게 경제적으로 어려운 상황에 놓인 것일까요?

사실 이집트는 다양한 자원을 가지고 있고 이 자원을 수출하면 큰 이득을 얻을 수 있어요. 많은 양의 석유도 매장

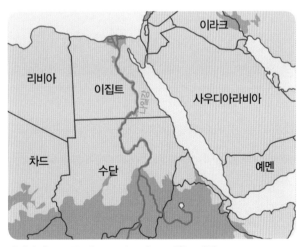
나일강이 국토를 세로로 가로지르고 있는 이집트.

되어 있고 천연가스 수출량도 세계 6위를 차지할 만큼 자원 부국입니다. 또한 이집트에 있는 수에즈 운하 통관료도 이집트의 3대 외화벌이 수단 중 하나입니다. 고대 이집트 문명을 바탕으로 한 관광 수입 또한 국가 경제력에 큰 도움이 되고 있어요.

그러나 이러한 풍족한 자원과 많은 인구에도 이집트의 경제 규모 순위는 높지 않답니다. 국가가 가진 잠재력에 비해 경제력은 상당히 낮은 편이지요.

국민들이 더 힘들어진 이유는 바로 부의 분배가 제대로 이루어지지 않기 때문이에요. 이집트는 문맹률이 26%가 넘을 정도로 공교육의 질이 낮으며 그나마도 시골 지역으로 갈수록 문맹률은 더 높게 나타나고 있어요. 교육의 수준은 단순히 문맹률뿐만 아니라 그 교육을 받는 국민의 노동의 질 또한 결정하게 되지요.

이집트 국민 대부분은 저임금 단순 노동에 종사하고 있고 그로 인해 소득이 굉장히 낮습니다. 또한 오랜 기간 군부의 독재로 인해 발생한 부정부패와 국가를 발전시키기 위한 목표가 명확하지 않은 종교 세력의 지배로 인하여 적은 수의 부유층에게 더욱 더 부가 몰리게 되었어요.

현재 이집트는 부유층이 국가 부의 80%를 소유할 정도로 빈부격차가 크게 나타나고 있어요. 도시에서 사는 사람들의 빈곤율은 42%이고 교육 인프라가 잘 갖춰지지 않아 문맹률이 높은 시골은 빈곤율이 85%까지 올라간답니다.

이집트 내부의 불평등뿐만 아니라 세계 경제도 이집트에 좋지 못한 영향을 주었어요. 2008년 세계 금융 위기와 2011년 러시아 흉작으로 인해 전 세계적으로 밀가루 가격이 크게 올랐어요. 이러한 밀가루 가격 폭등은 이집트인들의

주식인 발라디(밀가루로 만든 속이 빈 빵)의
가격을 올리고 공급량 자체를 감소시
켰어요.

　또한 전 세계적으
로 물가가 많이 올라
생활에 꼭 필요한 물
품들의 가격이 폭등했
어요. 이집트 대다수의 국
민은 삶이 너무나 힘
들어졌지요. 이러한
어려운 시기에 이집트는 1952년 쿠데타로 인해 정권을 잡은 군부 세력이 60
년 가까이 독재를 하고 있었어요. 군부 세력들은 국민의 어려운 삶을 외면하
고 자신들의 배를 불리기에 바빴지요.

　이러한 모습에 분노한 이집트인들은 2011년 이집트 혁명을 일으켜 군부 세
력을 몰아내었어요. 혁명 이후 선거를 통해 자신들의 대표를 뽑아 살기 좋은
나라를 만들어 주기를 꿈꿨지요.

　그러나 선거로 당선된 대통령 또한 자신의 이익을 위한 정책을 펼쳤으
며 배신감을 느낀 이집트 국민은 다시 한번 혁명을 통해 대통령을 몰아내고
이후 군부가 다시 집권하게 됩니다. 그러나 이미 세계적인 경제 침체로 인
해 심각해진 무역 적자와 더불어 관광 산업까지 무너져 내리면서 이집트는
2016년 국제통화기금(IMF)에 구제 요청을 하였어요. 국제통화기금이 지원을

군부 세력을 몰아낸 2011년 이집트 혁명.

해주는 조건으로 제시한 기업의 구조조정 및 산업 구조 변화로 인해 국민의 생활은 훨씬 어려운 상황에 빠졌어요.

　이집트의 국민 생활이 빈곤한 이유는 어려운 경제 상황뿐만 아니랍니다. 바로 폭발적인 인구 증가로 인한 문제입니다. 실제로 이집트의 인구는 1950년에 2000만 명에서 70년 만인 2020년 인구 1억을 돌파하였어요. 1950년 이집트와 비슷한 인구를 가졌던 우리나라는 2020년 인구가 5000만 명이 되어 불과 2.5배의 인구 증가만 보였을 뿐이지요.

　인구가 증가한다는 것은 긍정적인 측면만 있는 것이 아니랍니다. 경제 성장이 동반되지 않은 인구 증가는 국민 개인의 삶의 질을 더 떨어트리기도 합니다. 그래서 어느 정도 인구수가 늘어난 국가들이 산아 제한 정책을 펼치는 것이지요. 그러나 이슬람국인 이집트는 산아 제한 정책에 대해 거부감을 가지고 있어 인구 증가율이 감소하기는 어려울 것으로 보입니다.

그래도 현재 이집트는 국가 경제력을 향상시키기 위해 다양한 노력을 하고 있어요. 비슷한 인구 구조를 가진 동남아시아 국가들을 모델 삼아 경공업을 중심으로 외국 기업들을 유치하기 위해 노력하고 있어요. 또한 유럽과 중동이 가깝다는 이점을 통해 청년 인구를 해외로 수출하며 외화벌이를 하고 있답니다. 풍요로움의 상징이었던 고대 이집트의 후예, 현대의 이집트가 어떻게 성장하는지 지켜보는 것 또한 흥미로울 것 같습니다.

나이지리아가 서아프리카의
최강국을 넘어서기 위해서는?

할리우드 말고 놀리우드(NOLLYWOOD)를 아시나요? 미국의 할리우드, 인도의 발리우드와 더불어 세계 엔터테인먼트 시장에 영향력을 끼치는 나이지리아의 영화 산업을 일컫는 말이에요. 연간 1,000편 이상의 영화가 만들어지고, 영화로 벌어들이는 연간 총수입이 4억 5,000만 달러 규모에 이른다고 해요.

1980년대 활기를 띠기 시작한 영화 산업은 규모 면에서만 보면 미국을 제치고 인도의 뒤를 이어 세계에서 두 번째로 커요. 하지만 나이지리아의 영화 산업보다 우리에게 잘 알려진 것은 나이지리아의 민족 갈등이에요. 아프리카 대륙에서 발생한 민족 갈등 중 가장 오래도록 지속되었고 그 양상이 가장 심각한 곳 중 하나예요.

한반도 면적의 4.2배에 달하는 약 92만㎢의 국토를 가진 나이지리아는 서아프리카 연안 국가 중 가장 큰 영토를 자랑해요. 서쪽으로는 베냉, 동쪽으로는 차드와 카메룬, 북쪽으로는 니제르와 국경을 마주하고 남쪽으로는 기니만 해안과 접해 대서양과 연결되지요. 넓은 국토만큼이나 다양한 지형과 기후가 나타나고, 수많은 민족이 저마다 생활 환경에 따라 다른 모습으로 살아가고 있어요.

나이지리아는 약 250여 개 부족과 종족으로 구성됩니다. 하우사풀라니, 요루바, 이보, 이조

다양한 민족 갈등이 심각한 나이지리아.

등이 대표적이지요. 이들 각각의 민족은 고유한 언어와 문화를 가지고 있으며, 이로 인해 종종 정치적, 사회적 긴장이 발생해요. 이렇게 서로 다른 부족과 종족이 함께 모여 살게 된 것은 제국주의 때문이지요. 제국주의 국가들이 식민화 과정에서 민족, 언어, 종교, 문화 등 다양한 요소를 전혀 고려하지 않은 채 자신들의 이익에 근거해 식민지 지역에 경계선을 긋고 행정 구역을 나눴어요. 그리고 이런 행정 구역에 근거해 제2차 세계 대전 후 독립하게 된 것입니다.

나이지리아에 유럽인이 발을 들여놓은 것은 15세기 경이라고 해요. 1470년 포르투갈인들이 유럽인으로서는 최초로 나이지리아의 라고스 해안에 상륙했고, 이후 16세기에는 유럽인들이 대거 진출해 노예 무역을 하기 시작했어요. 많은 나이지리아인들이 노동자로 팔려 나갔지요. 이후 노예 무역이 금지되자

영국은 야자유와 원료 제품을 나이지리아에서 수출하는 무역으로 전환하여 나이지리아 경제권을 장악했어요. 영국은 1861년 10월 6일 마침내 라고스에 대한 영토권을 획득하여 1862년에 식민지로 만들었습니다.

식민지 시절 영국인들은 대체로 해안선을 따라 남서부 지역에 머무는 편을 선호했어요. 북부는 사하라 사막의 경계 지역인 사헬 지대로 매우 건조했기 때문이지요. 그 결과 중부의 고지대와 북부는 남쪽보다 발전하는 속도가 더뎠어요. 게다가 나이지리아의 주요 자원인 원유가 남부 지역에 주로 매장되어 있는데, 북부의 나이지리아 주민들은 원유를 팔아서 얻은 이득이 골고루 분배되지 않는 데에 불만이 많아요. 결국 나이지리아 삼각주 지역 주민들과 북동부 주민들 간의 민족 및 종교 갈등에 기름을 끼얹는 격이 되었어요.

심지어 나이지리아는 아프리카에서 원유 생산량이 가장 많지만, 원유 생산에 대한 수익을 거의 다국적 기업이 차지하는 데다 나머지 수익에 정부 재정이 절대적으로 의존하기 때문에 국제 유가에 따라 경제가 휘청거려요. 상황이 이렇다 보니 석유 대국인데도 주유소에는 휘발유가 없고 발전소에는 가스 연료가 부족해 전기 공급이 불안정하지요. 디젤 원료를 구하지 못해 공장의 발전기가 돌아가지 못하는 상황도 반복되었어요. 이 나라에서 원유는 축복인 동시에 저주인 것이죠.

그럼에도 나이지리아는 남아프리카공화국, 이집트와 함께 아프리카의 강대국에 속해요. 국토 크기, 인구, 천연자원 규모로 볼 때 서아프리카의 최강국이지요. 나이지리아의 경제 수도 라고스는 2,000만 명 이상이 사는 거대 도시로 인구수, 국내총생산 규모로 볼 때 아프리카 최대의 도시예요. 라고스는 독립 이후부터 1991년까지 공식 수도였는데 아부자로 수도가 옮겨 간 후에도 여전히 나이지리아뿐 아니라 서부 아프리카의 경제 축으로서의 위상을 유지하고 있지요. 석유가 생산되는 곳은 아니지만 석유, 건설, 유통 등 다국적 기업이 집결되어 있어 다양한 인종과 민족이 살아가고 있답니다.

또 나이지리아의 인구는 약 2억 2,900만 명으로 아프리카 국가 중 인구가 가장 많아요. 인도, 중국, 미국, 인도네시아, 파키스탄에 이어 전 세계 6위의 인구 대국이지요. 국제연합에서 집계한 인구 구조 변화 추이에 따르면 미국 텍사스주보다 약간 면적이 큰 나이지리아의 인구가 오는 2050년쯤이면 미국 인구를 뛰어넘어 세계 인구 순위 3위 안에 올라설 전망입니다.

나이지리아의 경제 수도 라고스.

나이지리아는 미래의 나라예요. 인구의 절반이 19세 이하인데다 노령층 인구가 매우 적어 경제 활동을 할 수 있는 노동력이 넘쳐납니다. 석유와 천연가스는 아프리카 전체 매장량의 30%를 차지하며 배터리 핵심 자원인 리튬도 매장되어 있어요. 아프리카 문화를 선도하는 열정적인 국가로 나이지리아의 음악과 영화, 패션 등은 다른 아프리카 국가에 미치는 영향력이 매우 큽니다. 민족집단 간의 갈등과 종교 문제는 여전히 풀어야 할 과제로 남아 있지만 앞으로의 성장이 기대됩니다.

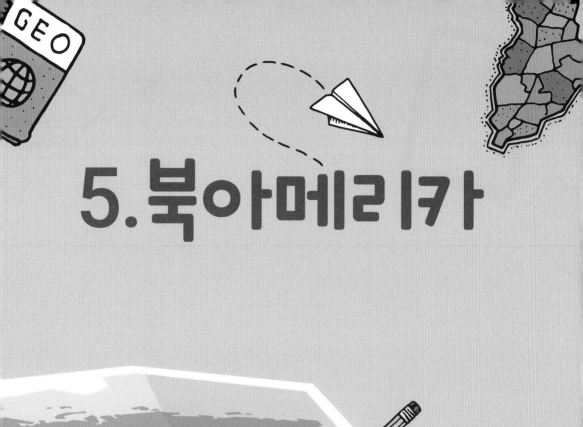

5.북아메리카

부동산 사업가 미국은 어떤 땅을 사서 부자가 되었을까?

세계에서 가장 강한 나라, 세계의 경찰, 세계에서 가장 부유한 나라 미국. 우리가 미국을 표현할 때 세계에서 가장이라는 말을 빼놓지 않는 이유는 미국 이 그만큼 강한 나라이기 때문이에요. 미국은 유럽이나 아시아에 비해 짧은 역사를 가진 나라이지만 그들이 살고 있는 영토가 그들을 강하게 만들어 주었 고, 그들이 선택한 하나하나의 결정이 나라를 부유하게 만들어 주었어요.

미국에 살아가던 사람들을 인디언이라고 흔히 착각하지만 그들이 인도 사람, 즉 인디언은 아니에요. 인도를 찾아 떠났던 콜럼버스가 미국에 도착한 후 인도인 줄 착각했기 때문에 그곳에 살고 있었던 사람들을 인디언이라고 불렀죠.

17세기에 처음 아메리카 대륙에 도착한 유럽인들은 미국 땅이 심상치 않다는 것을 알게 되었어요. 넓은 바다가 대서양과 맞닿아 있어 언제든 유럽으로 오갈 수 있었고, 토양은 유럽보다 훨씬 비옥해 농사를 짓기에 완벽한 조건을 가지고 있었죠. 그렇게 평화롭게 자신의 땅에서 살아가던 아메리카 원주민들을 쫓아내고 유럽인들은 자신들의 영역을 조금씩 조금씩 넓혀 갔고, 1732년 조지아주를 마지막으로 열세 개의 식민지 주가 완성되었어요.

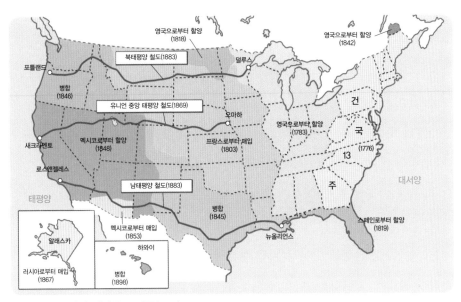

미국의 영토 확장 역사를 보여주는 지도.

　열세 개 주에 살아가던 사람들은 그들이 새로운 나라로 독립되는 것을 원했고 결국 1775년부터 1783년까지 약 8년간 이어진 긴 전쟁을 통해 독립을 이루면서 영국으로부터 완전히 자신의 땅을 얻어내게 되었어요. 하나의 독립된 국가를 가지게 된 미국은 이제 영토를 조금씩 넓혀 가기로 결정했어요. 하지만 그들에겐 아직 강력한 군대가 없었고, 새로운 방법으로 그들의 영토를 넓힐 방법을 찾아야 했는데 그 당시 나폴레옹을 중심으로 유럽과 치열한 전쟁을 하고 있었던 프랑스는 바다 건너 땅을 지켜내기보다는 돈을 받고 팔기를 원했고 미국은 피 한 방울 흘리지 않고 손쉽게 프랑스가 소유했던 남쪽 땅 일부까지 얻어내게 됩니다. 즉 1803년 프랑스로부터 루이지애나 지역의 지배권을 돈으로 사들이게 된 거죠.

영국과 프랑스까지 사라진 땅에서 승승장구하던 미국은 서쪽으로 계속해서 자신의 영토를 확장해 나가기 시작합니다. 미국 입장에서는 마지막으로 스페인만 몰아낸다면 그들이 원했던 진정한 미국을 세울 수 있었죠. 그런데 미국에게 또다시 행운이 찾아옵니다. 프랑스와 전쟁을 치르고 있던 스페인도 프랑스처럼 바다 건너 먼 땅을 지키기 위해 힘을 쏟을 수 없었고, 순순히 미국에게 다시 땅을 조금씩 내어놓게 됩니다.

하지만 미국에게 늘 행운만 있었던 것은 아니에요. 손쉽게 스페인이 가진 땅을 얻을 수 있을 것 같았지만 스페인의 힘이 빠진 것을 알아챘던 멕시코가 이번에는 독립 전쟁을 벌이게 되고 결국 미국이 원했던 서부 지역을 멕시코가 가져가 버리게 됩니다. 미국 입장에선 눈앞에서 더 많은 땅을 얻을 기회를 놓쳐 버리게 되었어요. 심지어 미국은 전쟁을 통해 땅을 다시 빼앗을 힘도 충분하지 않았죠.

이번에도 그들은 땅을 얻기 위해 새로운 시도를 하게 됩니다. 당시 멕시코 인구가 620만 명, 미국의 인구가 960만 명이었는데 멕시코보다 조금 더 많은 인구를 무기로 미국인들을 멕시코 사람들이 살고 있던 현재 텍사스 지역으로 침투시키기로 결정했어요. 그렇게 1830년대 중반쯤 텍사스에는 충분히 많은 미국인이 자리를 잡았고 5년 뒤엔 그곳에서 내전이 발생하게 되었어요.

미국은 먼발치에서 당시 내전을 치르고 있던 미국인들에게 무기와 충분한 돈을 지원했고 텍사스는 결국 멕시코로부터 독립을 선언해 1845년 미국이 되

미국을 상대로 벌인 멕시코 독립 전쟁.

었어요. 기세를 얻은 미국은 힘이 빠진 멕시코를 상대로 2년간의 전쟁을 통해 스페인으로부터 빼앗았던 멕시코 영토를 가져오게 되어 현재의 미국 땅이 완성되었어요.

동쪽으로는 대서양이라는 넓은 바다를 안게 되었고, 서쪽으로는 태평양이라는 세상에서 가장 넓은 바다를 품게 되었어요. 아시아로, 유럽으로 쉽게 오갈 수 있는 힘을 자연스럽게 얻게 되었죠. 점점 강력한 힘과 부를 쌓아 가던 미국이 이번에는 러시아로부터 땅을 사게 됩니다.

당시 미국 사람들은 그 땅을 사는 것을 미친 짓이라고 할 만큼 무모한 행동으로 보았죠. 미국이 러시아로부터 사들인 땅은 알래스카인데 그 당시 720만 달러(현재 우리 돈으로 약 100억)입니다. 수십 년 뒤 그 땅에서 거대한 유전이 발견되

면서 지금은 돈으로 환산할 수 없는
가치를 가지게 되었어요.

알래스카 구입에 사용한 720만 달러 수표.

몇 년 뒤 멕시코로부터 빼앗은
땅에서 금광까지 발견되니 미국은
자신들이 가지는 땅마다 그 전에 소
유하고 있던 사람들이 알아채지 못했던 막대한 부를 얻게 됩니다. 미국에게는
순전히 행운이었던 것처럼 보이지만 어쩌면 땅이 가진 강력한 힘을 미국이 이
미 알고 있었는지도 모르겠네요.

이제 영향력을 넓혀 가기 원했던 미국에게 또 다른 걸림돌이 있었으니 그
것은 바로 그들이 쫓아낸 스페인이었어요. 미국이 더 넓은 세계로 나가기 위
해 바다로 뻗어 나가야 했지만 미국과 인접한 쿠바, 푸에르토리코, 도미니카
공화국은 여전히 스페인이 다스리고 있었어요.

미국은 1898년 스페인과 전쟁을 선포하고 그들과 인접했던 땅뿐만 아니라
저 멀리 괌과 필리핀까지 지배권을 손에 넣었지요. 이에 그치지 않고 하와이
마저 미국 땅으로 만들면서 영국으로부터 독립하기 위해 싸웠던 아주 작은 땅
의 미국은 이제 전 세계에 자신의 영토를 가지게 되었답니다.

또한 미국은 전 세계 곳곳에 영향력을 행사할 수 있는 땅이 있을 뿐만 아니
라 석유나 천연가스처럼 여전히 중요한 지하자원을 채굴하고 소비할 수 있을
만큼 충분한 자원도 소유하고 있어요. 드넓은 평원에서 막대한 농산물을 생산
해 내고 해외로 수출하는 것도 그들에게는 너무나 당연한 일이죠. 영토가 가
지는 힘이 얼마나 강력한지, 영토에서 얻은 힘이 한 나라를 얼마나 부유하고

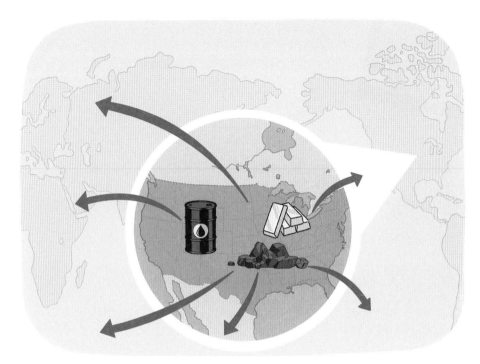

풍부한 자원을 바탕으로 세계로 뻗어 나가는 미국의 영향력.

강력하게 만들 수 있는지는 미국을 보면 알 수 있어요. 초강대국 미국은 이런 지정학적, 지리적 축복을 받은 나라랍니다.

캐나다 사람들은 왜 국경선 근처에 모여 살까?

여러분, 혹시 '서울공화국'이라는 말을 들어 본 적 있나요? 이는 우리나라의 수도인 서울에 많은 인구와 편의 시설이 과도하게 몰린 현상을 뜻하는 말이에요. 사람들이 어느 지역에 많이 살고 있느냐에 따라 사회·문화 시설의 발달 정도에도 차이가 나타나게 되었지요. 우리나라는 서울공화국이라는 말에 걸맞게 서울과 수도권에 무려 2,000만 명이 넘는 사람들이 거주하고 있어요.

캐나다도 대도시에 사람들이 모여 살지만, 큰 도시들은 대부분 미국과의 국경 지역에 위치한다는 특이한 점을 발견할 수 있어요. 캐나다에서는 인구의 90% 이상이 남쪽으로 내려와 미국과 가까이 지낸다니, 과연 어떤 이유 때문에 국경 지역에 살게 된 것일까요?

먼저 캐나다의 인구 분포 지도를 살펴볼까요?

세계적으로 유명한 밴쿠버, 오타와 등 남쪽에 위치한 도시에 사람들이 몰려 있고, 북부 지역은 상대적으로 사람이 살지 않는 땅이자 버려진 땅처럼 보여요. 캐나다에서는 왜 사람이 사는 지역보다 살지 않는 지역의 범위가 더 넓을까요?

위도와 기후와의 관계를 떠올리면 그 답을 쉽게 생각해 볼 수 있답니다. 우리나라보다 저위도에 위치한 동남아시아 지역에 여행을 간다고 상상해 볼까요?

공항에서 나오자마자 느껴지는 후끈한 열기에 깜짝 놀란 경험이 있나요?

■ 25명 이상/K㎡   ■ 15-24.9명 이상/K㎡   ■ 10-14.9명 이상/K㎡   ■ 5-9.9명 이상/K㎡   ▨ 1명 미만/K㎡

캐나다의 지역별 인구밀도.

적도와 가까운 저위도 지역으로 여행을 떠나면 우리나라보다 더 높은 기온을 느낄 수 있어요. 반대로 극지방과 가까운 러시아로 여행을 간다면 고위도 지역의 추운 기후에 대비하여 따뜻한 방한용품을 챙겨 가야겠죠?

위치에 따라 다양한 기후 형태를 가진 캐나다.

이처럼 지구에서는 적도를 기준으로 하여 남북으로 얼마나 떨어져 있느냐에 따라 다양한 기후대가 나타나요. 캐나다 사람들이 북쪽 지역에 거의 살지 않는 이유는 이곳이 적도와 많이 떨어진 고위도 지역에 위치하기 때문이에요. 고위도 지역에서는 기온이 낮고 눈이 많이 내려 남부 지역에 비해 상대적으로 생활하기 불편하다고 느낄 수 있어요. 그러다 보니 자연스레 사람이 살기에 적합한 기후 조건을 가진 남부 도시로 사람들이 몰려들게 되었지요.

독일의 기상학자 쾨펜은 그 지역에서 어떤 식물이 자라는지에 따라 전 세계 기후를 여러 가지 유형으로 구분했어요. 이후 가이거라는 학자가 이를 수정했어요. 두 학자가 만든 기후 구분 방식에 따르면 캐나다 국경선 근처에서는 대부분 냉대 습윤 기후가 나타나요. 냉대 습윤 기후는 겨울이 춥지만 짧은 여름 동안 기온이 올라가며, 눈이 많이 오는 기후예요. 캐나다에는 냉대 습윤 기후 이외에도 다양한 기후가 나타나요. 캐나다 서쪽에 위치한 벤쿠버에서는 여름과 겨울의 기온 차이가 적은 서안해양성 기후가, 일부 내륙 지역에서는 사막 기후가 나타나요.

캐나다 북부 지역의 기후는 어떨까요? 북쪽으로 갈수록 극지방과 가까워져 연평균기온은 점차 낮아지게 돼요. 따라서 캐나다의 가장 북쪽에서는 툰드라와 얼음이 존재하는 한대 기후가 나타나요. 이러한 기후 조건에서는 사람이 거주하기 어려워 이누이트 등 적은 수의 사람들만 살고 있어요. 이들은 추운 기후를 활용해 순록을 유목하며 생활하기도 해요.

북부 지역에서는 백야 현상과 극야 현상이 나타나 우리나라에서는 느낄 수 없는 경험을 할 수 있어요. 고위도 지역에서는 여름에 해가 지지 않고 계속 떠 있는 시기가 찾아오는데, 이를 백야 현상이라 불러요. 반대로 겨울에는 해가 뜨지 않아 하루종일 어둠이 내려앉는 극야 현상이 나타나요. 백야 현상과 극야 현상이 나타나는 지역의 사람들은 어떻게 생활하고 있을까요?

백야 때는 하루 종일 밖에서 재밌게 놀 수 있을 것 같지만 밤에 잠을 청하기 힘든 경우도 있을 것이고, 극야 현상이 찾아오면 해를 보지 못해 우울한 사람들도 생겨나요. 우리에게는 당연한 낮과 밤이 이 지역에서는 당연하지 않게 되는 것이죠. 이런 현상은 캐나다 북부 이외에도 북반구와 남반구의 고위도 지역에서 찾아볼 수 있어요. 북반구에 위치한 알래스카, 그린란드, 아이슬란드는 물론, 남반구의 칠레와 아르헨티나 일부 지역에서도 나타나요.

기후 외에도 캐나다 사람들은 경제적 이유로 인해 국경 지역에 모여 살아요. 먼 과거로 거슬러 올라가 보면 캐나다 사람들이 처음부터 이 지역에 살았

백야 현상과 북반구 오로라를 볼 수 있는 캐나다.

던 것은 아님을 알 수 있어요. 본래 예전부터 이곳에 살고 있던 원주민들은 캐나다 여러 지역에 흩어져 사냥, 수렵, 농경을 통해 생계를 유지했어요.

이후 유럽인들이 신대륙을 개척하며 16세기 말을 시작으로 프랑스인과 영국인들이 들어오기 시작했고, 18세기 무렵에는 산업화와 도시화가 일어나며 캐나다보다 앞서 경제 발전을 이룬 미국의 영향력이 중요해졌어요. 그러다 보니 미국과 가까운 국경 지역에 살고자 하는 경향이 강해졌고 자연스레 지금과 같은 모습이 나타나게 되었지요.

다시 캐나다의 인구밀도를 살펴볼까요?

인구밀도란 일정한 땅 안에 사람이 얼마나 살고 있는지를 나타낸 값으로, 인구밀도를 살펴보면 그 지역에 사람들이 얼만큼 빽빽하게 살아가고 있는지를 알 수 있어요. 흔히들 우리나라의 인구밀도가 높다고 하죠?

우리나라 전체를 기준으로 보았을 때, 우리나라의 인구밀도는 1제곱킬로미터당 515명이 살고 있는 수준이에요. 반면 캐나다의 인구밀도는 1제곱킬로미터당 4명으로 우리나라와는 비교도 안 되게 낮은 수치이죠. 이는 우리나라의 면적이 캐나다보다 훨씬 좁은데도 더 많은 사람들이 거주하기 때문이에요. 우리나라에는 약 5,150만 명의 사람들이 살고 있지만, 캐나다는 세계 2위의 땅 크기를 가졌음에도 우리나라보다 적은 약 3,910만 명의 사람들이 거주하고 있어요.

넓은 영토 크기에 비해 적은 인구수를 가진 캐나다는 지금도 다양한 국가에서 이민자들을 받아들이며 인구를 늘려나가요. 대표적인 다문화 국가로 꼽히는 캐나다는 개방적인 이민 정책을 바탕으로 빠르게 성장하고 있어요.

저출산이라는 사회 문제를 안고 있는 우리나라 입장에서 캐나다는 배울 점이 참 많은 국가예요. 또한 다양한 이민자들이 들어오기 시작하면서 해결해야 할 사회 문제도 늘어났어요. 다양한 문화와 종교, 인종을 포용하는 캐나다의 모습에서 다문화 사회로 첫발을 내딛은 우리가 배울 점은 무엇인지 생각해 보면 어떨까요?

뉴멕시코는 왜 멕시코가 아닌 미국 땅에 속할까?

　미국 지도를 자세히 들여다본 적이 있나요? 미국 지도를 관찰하다 보면 재미있는 점이 많은데요. 국경선이 가로로 길게 그어진 곳이 있는가 하면, 알래스카주는 미국 본토에서 떨어져 캐나다에 붙어 있어요. 또한 우리나라로 치면 시(市)에 해당하는 주와 주 사이의 경계가 자로 그은 듯 직선으로 이루어진 곳이 많이 보여요. 미국 국기에 새겨진 별의 수와 동일하게 미국은 50개의 주와 1개의 특별구로 이루어져 있어요.

　이번에는 미국 주 이름을 살펴볼까요? 주의 이름을 하나씩 보다 보면 의문이 들 거예요. 바로 멕시코 땅도 아니면서 멕시코라는 이름을 가진 주가 있다는 점, 발견했나요? 미국 남부의 뉴멕시코주는 멕시코에 속하지 않았지만 특이한 이름을 갖고 있어요. 과연 뉴멕시코주는 멕시코와 어떤

주의 개수만큼 별이 들어간 미국 국기.

관계가 있기에 이런 이름을 갖게 되었을까요?

뉴멕시코라는 이름의 기원을 알기 위해서는 먼저 미국과 멕시코 사이의 역사를 살펴보아야 해요. 미국과 멕시코가 지금 형태의 영토를 갖기까지 두 나라 사이에는 여러 차례의 전쟁이 있었어요. 특히나 지금의 텍사스 지역을 두고 일어난 갈등이 계기가 되었어요. 현재 미국 땅인 텍사스주는 과거 멕시코의 영토였어요.

텍사스는 굉장히 넓은 영토가 펼쳐진 땅이었지만 멕시코는 이를 제대로 관리하지 못해 방치된 땅에 가까웠지요. 그래서 멕시코 정부에서는 이 지역을 체계적으로 다스리기 위해 미국으로부터 이민자를 받아들였고 이곳에 사는 주민 수를 늘리기 시작했어요.

그러나 19세기 중반, 기존 멕시코인보다 미국인 수가 훨씬 많아지며 텍사스 지역에 살고 있던 미국인 이민자들은 더 이상 멕시코 소속이길 희망하지 않았어요. 그 결과, 이들은 멕시코와 내전을 벌여 독립하게 돼요. 이후 미국은 텍사스 지역과 협상하여 텍사스를 자신들의 영토로 만드는 데 성공하면서 이 지역을 멕시코로부터 완전히 빼앗았어요.

이때부터 시작된 미국과 멕시코의 갈등은 국경 지대를 어디로 설정하느냐의 문제로 번지게 되었어요. 텍사스가 미국 영토가 되자 두 나라는 리오그란데강을 기준으로 나누어지게 되었고 이에 불만을 품은 멕시코는 미국을 계속하여 견제했지요. 그런데 미국의 욕심은 텍사스를 차지하는 것에서 그치지 않았어요. 미국은 여기서 더 나아가 아메리카 대륙의 서부를 차지하고 싶어했어요. 그래서 텍사스 다음으로 미국이 노린 땅은 지금의 캘리포니아 지역과 그

옆에 있는 산타 페 데 누에보 멕시코(Santa Fe de Nuevo México)주였어요.

기존 동부 지역이 대서양과 연결된 반면 서쪽 땅을 통해서는 한 번에 태평양으로 진출할 수 있었기 때문이에요. 지리적인 장점을 활용해 더 큰 바다로 나아가기 위해서는 태평양과 인접한 캘리포니아 지역을 확보해야 할 필요가 있었지요. 이러한 목표를 이루기 위해 미국은 캘리포니아 지역을 팔아 줄 것을 멕시코에게 제안했으나, 멕시코는 미국의 제안을 거절했어요.

그러자 캘리포니아를 포기하지 못한 미국의 전 대통령 제임스 K. 포크는 멕시코와 전쟁을 벌이기로 결정했어요. 멕시코와 국경인 리오그란데강에 군대를 주둔시켰으며, 멕시코의 반대에도 이곳에 병력을 배치했어요. 1846년에 벌어진 미국과 멕시코 간의 전쟁은 1년 뒤 멕시코군이 항복하며 끝이 나요. 그리고 전쟁에서 승리한 미국은 그들이 원하던 땅을 차지하고 미국의 영토로 선포했어요. 우리가 알고 있는 캘리포니아는 이러한 과정을 거쳐 미국 땅이 되었답니다.

미국은 여기서 그치지 않고 멕시코 상륙 작전을 실시해 멕시코시티에서까지 완전한 승리를 이루었어요. 1848년 2월, 미국은 멕시코와의 과달루페 이달고 조약을 통해 캘리포니아와 산타 페 데 누에보

멕시코 지역뿐만 아니라 지금의 네바다, 유타, 애리조나 지역을 미국의 영토로 인정한다는 약속을 받아냈어요. 이 땅들을 모두 합치면 약 300만 제곱킬로미터로, 한반도 면적의 열다섯 배나 되는 크기였습니다. 그러면서 동시에 이 지역이 미국의 영토임을 강조하게 위해 이름을 뉴멕시코로 바꾸었지요. 이러한 역사적 배경에 의해 뉴멕시코는 멕시코가 아닌 미국 땅에 위치하게 되었어요.

미국 남서부에 위치한 뉴멕시코주는 어떤 곳일까요? 1848년에 멕시코−미국 전쟁이 끝난 이후, 뉴멕시코 지역은 1912년 1월 미국의 마흔일곱 번째 주로 편입되었어요. 대륙의 안쪽에 위치해 바다를 보기 어렵지만 남쪽으로 리오그

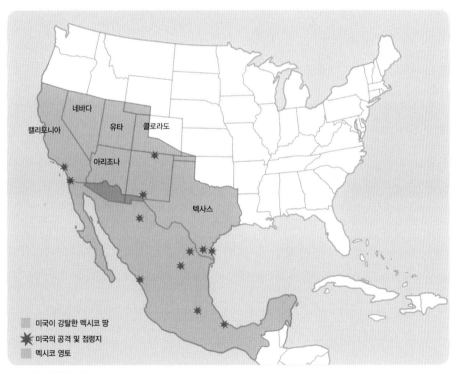

미국이 빼앗은 멕시코 땅.

란데강이 흐르고 있어요.

리오그란데강은 아메리카 대륙의 큰 산맥인 로키 산맥으로부터 시작해 흐르는 강으로, 북아메리카 대륙에서 네 번째로 긴 강이에요. 뉴멕시코주의 건조한 사막 지대를 지나가며 텍사스와 멕시코의 경계가 되는 자연적인 국경선 역할을 하지요.

미국의 주로 편입된 뉴멕시코.

뉴멕시코는 사막이 넓게 펼쳐진 지역이기도 하지만 동시에 로키 산맥으로부터 이어지는 산악 지대이기도 해요. 석고 모래가 넓은 면적을 덮고 있는 화이트샌즈 국립 공원부터 종유석을 볼 수 있는 칼즈배드 동굴 국립 공원까지 독특한 지형을 볼 수 있는 살아 있는 지질 박물관으로 불려요.

뉴멕시코의 인구 구성은 다른 주와는 달리 히스패닉계가 많다는 특징이 있는데, 이는 이 지역의 역사와도 큰 연관성이 있어요. 뉴멕시코가 멕시코의 영토이기 이전에 스페인 땅이었으며, 멕시코의 지배 아래 놓여 있던 시간이 길어 미국에 사는 라틴 아메리카계의 비율이 높아요. 거의 절반에 달하는 인구가 히스패닉계인 덕분에 이곳에서는 우리가 알고 있는 미국 문화와 더불어 히스패닉 문화, 그리고 아메리카 원주민 문화가 동시에 나타나요.

석고가 깨지고 부서져서 된 하얀 모래가 장관인 화이트샌즈 국립 공원.

종유석을 볼 수 있는 칼즈배드 동굴 국립 공원.

뉴멕시코는 다양한 지리적 특성뿐만 아니라 석유, 천연가스, 석탄 그리고 셰일가스의 생산량이 많은 지역으로 알려져 있어요. 유명한 석유 회사들이 유전을 보유한 곳으로, 활발한 경제 활동이 일어나는 지역이에요. 최근에는 원유 산업뿐만 아니라 넷플릭스의 최대 스튜디오가 지어진 곳으로 알려지면서 신산업 분야에서도 주목받는 도시가 되었어요.

지금까지 미국의 주 이름을 통해 과거 멕시코-미국 전쟁의 역사에 대해 살펴보았어요. 두 국가의 분쟁이 오늘날 주 이름을 결정지었다는 점이 신기하지 않나요?

이처럼 평소 우리가 일상생활에서 사용하는 지역 명칭은 깊은 역사와 아픔, 여러 희로애락을 담고 있어요. 뉴멕시코뿐만 아니라 우리 주변의 지명이 생기게 된 이유를 고민해 보고 어떤 계기로 이름이 붙었는지 찾아보면 어떨까요? 우리가 무심코 지나치는 장소의 의미를 찾고자 노력하고 그 속에 담긴 역사를 따라간다면 또 다른 이야기를 발견할 수도 있지 않을까요?

알래스카주는 왜 미국 최고의 구매품이 되었을까?

미국의 50개 주 중에서 가장 큰 주는 어디인지 아시나요? 흔히 미국 본토 내의 주를 생각하겠지만, 아니랍니다. 바로 캐나다 북쪽에 위치한 알래스카주예요. 미국 본토에서 멀리 떨어져 있고, 오히려 캐나다와 국경을 맞대고 있는 알래스카는 어떻게 미국 땅이 되었을까요?

이 질문에 대한 답을 알기 위해서는 알래스카의 역사에 대해 잠시 살펴보아야 해요. 알래스카는 1741년 덴마크의 탐험가인 비투스 조나센 베링이 러시아의 표트르 1세의 의뢰를 받아 북태평양을 탐험하다가 발견했어요. 이로 인해 전 세계에 러시아 제국의 영토로 인정받았지요. 이후 유럽인 정착지가 세워졌고 쭉 러시아가 관리했어요.

그러나 1853년 러시아는 현재 우크라이나 남부의 러시아 실효 지배 지역인 크림반도에서 오스만 제국과 전쟁을 벌이고 있었어요. 이 전쟁은 여러분도 잘 알고 있는 백의의 천사라고 불리는 나이팅게일이 활동한 것으로 유명한 크림 전쟁이었어요. 크림 전쟁을 치르면서 러시아 제국의 재정적인 어려움이 발생했고 이 문제를 해결하기 위해 미국의 국무장관이었던 시워드와 협상을 통해 러시아는 알래스카를 미국에 팔기로 결정하였답니다. 러시아는 알래스카를 관리하기 위해 돈과 시간을 사용하느니 미국에게 파는 것이 더 경제적 이득이라고 판단한 것이지요.

이렇게 1867년 3월 30일, 밤새 이루어진 협상은 새벽 4시 미국이 러시아에게 720만 달러에 알래스카를 구매하는 것으로 결정이 났어요. 당시 720만 달러의 가치는 현재 16억 7천만 달러, 우리나라 돈으로 1조 9천억 원의 가치예요. 상당히 큰 돈이라는 생각이 들지 않나요?

하지만 알래스카의 넓이로 보았을 때 제곱킬로미터당(대략 30만평) 5달러가 못 되는 헐값이었어요. 그러나 시워드가 알래스카를 구매한 것에 대해 미국 내에

엄청나게 긴 석유 송유관이 설치된 알래스카.

서 비판의 목소리가 높았어요. "시워드는 비싼 돈을 주고 세계에서 가장 큰 냉장고를 구매하였다."라고 비판하기도 하였답니다. 그러나 이렇게 구매한 알래스카가 미국 최고의 구매품이 될 줄 누가 알았을까요?

그럼 왜 알래스카의 가치가 변했는지 알아볼까요.

가장 먼저 알래스카에 매장되어 있는 자원의 가치가 굉장히 크다는 사실이에요. 알래스카에는 많은 석유가 매장되어 있으며, 석유를 제외하고도 철과 구리, 금, 석탄 등도 엄청난 양이 매장되어 있어요. 매장되어 있는 자원의 가치는 당시 가치로도 수십억 달러, 현재 가치로 수조 달러 이상을 가지고 있다고 해요. 단적인 예시로 알래스카에서 미국이 채굴한 철의 양만으로도 무려 당시 가치로 4,000만 달러, 현재 가치로 92억 달러, 우리나라 돈으로 10조에 가까운 가치를 가지고 있으니, 미국은 철의 채굴만으로도 알래스카 구매 구입의 다섯 배가 넘는 이득을 본 것이지요.

이뿐만 아닙니다. 현재 미국은 중동, 베네수엘라에 이어 세계 석유 매장량 3위를 차지하고 있습니다. 이는 미국 본토가 아닌 알래스카에 매장된 어마어마한 석유 양 때문이에요. 또한 알래스카의 석탄 매장량은 전 세계 10위권 안에 드는 거대한 양입니다.

알래스카는 세계에서 가장 비싼 냉장고가 아닌, 세계에서 가장 저렴한 자원의 저장고였던 것이지요. 또한 교통의 발달로 북극 지역의 오로라 및 울창한 원시림 등 눈의 나라를 보기 위해 찾아오는 많은 관광객들로 인한 관광 수입으로 알래스카는 현재 미국에서 가장 잘 사는 주 중 하나예요.

이러한 알래스카의 가치는 과거보다 현재, 그리고 미래에 더 커질 것으로 전망됩니다. 이유는 지구 온난화 때문인데요. 지구 온난화가 어떻게 알래스카의 가치를 더 높일 수 있을까요?

현재 북극해는 지구 온난화로 인해 거대한 빙하들이 녹고 있는 상황이죠. 이로 인해 바닷물의 높이가 상승하여 몰디브와 같이 저지대 국가들이 물에 잠기고 있다는 이야기만 익숙할 텐데요. 북극의 빙하가 녹는 것이 왜 알래스카의 가치를 높여 주는 일이 되었을까요?

북극해에는 많은 양의 석유 및 천연가스 자원이 매장되어 있어요. 미국의 지질 조사국에 따르면 북극해에는 전 세계에서 개발되지 않은 석유의 13% 정도의 양이, 또한 개발되지 않은 천연가스의 30%에 해당하는 양이 매장되어 있답니다.

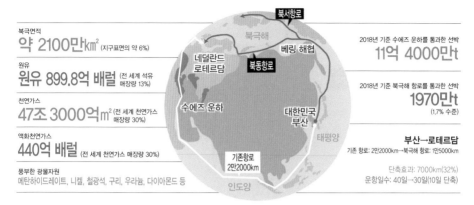

북극면적
약 **2100만**km² (지구표면의 약 6%)

원유
원유 899.8억 배럴 (전 세계 석유 매장량 13%)

천연가스
47조 3000억m² (전 세계 천연가스 매장량 30%)

액화천연가스
440억 배럴 (전 세계 천연가스 매장량 30%)

풍부한 광물자원
메탄하이드레이트, 니켈, 철광석, 구리, 우라늄, 다이아몬드 등

2018년 기준 수에즈 운하를 통과한 선박
11억 4000만t

2018년 기준 북극해 항로를 통과한 선박
1970만t
(1.7% 수준)

부산→로테르담
기존 항로: 2만2000km→북극해 항로: 1만5000km

단축효과: 7000km(32%)
운항일수: 40일→30일(10일 단축)

북극해의 풍부한 자원과 북극 항로 단축 효과.

북극해는 전 세계에서 가장 많은 천연가스 매장량을 가지고 있는 셈이지요. 이 또한 여러 나라의 조사 중 일부이며 더 많은 자원이 매장되어 있다고 보는 나라들도 있어요. 또한 북극해 아래에는 많은 메탄하이드레이트가 매장되어 있어요. 메탄하이드레이트는 높은 압력으로 압축된 고체 천연가스입니다. 우리나라의 독도 근처에도 매장되어 있어 일본과의 영토 분쟁의 중요한 원인이 되고 있지요. 이렇게 북극의 바다 밑에 묻힌 자원들은 빙하가 녹기 시작하며 드디어 채굴할 수 있는 가능성이 열렸어요. 현재 자원에 대한 경쟁이 심각해지는 국제 사회에서 북극은 마지막 자원의 보고라고 할 수 있지요.

북극해의 가치는 또 있습니다. 현재 북극은 1년 중 날씨가 풀리는 5개월 동안 그것도 쇄빙선의 도움을 받아 겨우 항로로 이용이 가능합니다. 만약 북극해의 얼음이 계속 녹는다면 북극해는 쇄빙선의 도움 없이 통과할 수 있는 국제적인 항로가 된답니다. 단적인 예시로 북극의 항로가 녹아 무역선이 통과할 수 있다면 현재 우리나라에서 유럽으로 가는 배는 10일 정도 운항 기간을 단

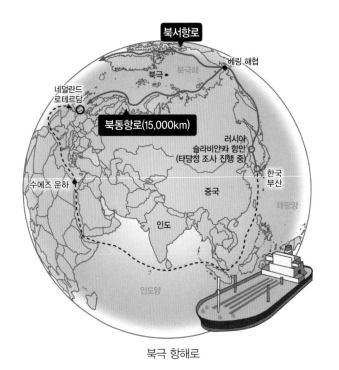

북극 항해로

축할 수 있어요. 무역선의 이동 비용은 이동 기간에 가장 큰 영향을 받으니, 무역에 필요한 비용을 크게 줄일 수 있지요.

이러한 가치를 지니고 있는 북극해는 무주지입니다. 말 그대로 주인이 없는 땅이며 현재 이 땅을 차지하기 위해서 북극해에 인접한 국가들이 노력하고 있어요. 북극해에 접하고 있는 나라들은 러시아, 노르웨이, 캐나다, 아이슬란드, 덴마크와 함께 미국이 포함되어 있어요. 만약 미국이 알래스카를 구매하지 않았다면 미국은 북극해에 대한 권리를 내세우기가 어렵게 된답니다. 국제법상 북극해는 바다를 접한 인근 국가들에게 우선적으로 권리가 있기 때문이지요.

현재 중국이 북극해 개발을 위해 박차를 가하고 있지만, 이러한 상황도 러시아의 도움이 있기 때문에 가능한 것이지요. 만약 미국이 중국의 북극해 진출을 방해하기 위해 북극해로 가는 길인 베링해협을 통제한다면 중국의 북극해 진출은 매우 어려워지는 상황이지요. 미국 최고의 구매품인 알래스카, 이 정도면 그 가치를 톡톡히 하고 있는 것이 아닐까요?

멕시코는 왜 긴 노동 시간을
가진 나라가 되었을까?

　여러분은 우리나라 사람들이 일주일에 일을 몇 시간이나 하는지 알고 있나요? 주 52시간 근무라는 이야기는 뉴스나 영상을 통해 많이 들어 봤을 거라고 생각해요. 실제로 우리나라는 주 52시간 제도를 시행하기 전에는 경제협력개발기구(OECD)에 가입된 선진국 기준으로 일하는 시간이 가장 많은 노동 시간 1위 국가였어요. 2000년대 초반 부동의 1위를 차지했지만 2012년 1위 자리를 내어주고 한동안 2위 자리에 머물렀습니다. 그 이후 남미 국가들이 OECD에 가입하면서 현재는 6위까지 순위가 떨어진 상태죠.

　그럼 2022년 자료 기준 OECD 회원국 중 노동 시간이 우리나라보다 긴 나라는 어디일까요?

　대부분 중·남미의 나라이며 이 챕터의 주인공인 멕시코도 포함됩니다. 2022년 자료 기준 OECD 회원국 평균 1년 노동 시간은 1,719시간입니다. 멕시코는 이 평균치보다 무려 600시간이나 많은 2,335시간을 근무하고 있어요. 이 수치는 다른 국가들에 비해 굉장히 높은 수치이며 노동 시간 6위인 우리나라에 비해 400시간이나 높은 수치입니다. OECD 회원국 중에 노동 시간이 가장 적은 국가인 독일과 비교해서 거의 1,000시간 가까이 차이가 나죠. 그럼 멕시코는 어떻게 이렇게 많은 노동 시간을 가지게 되었을까요?

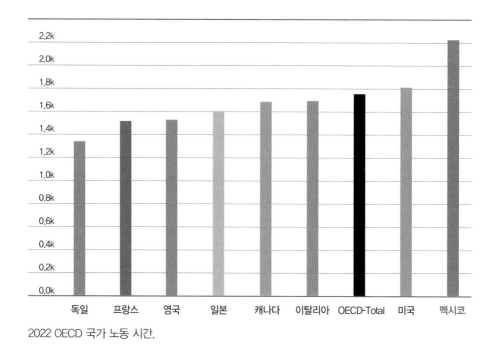

2022 OECD 국가 노동 시간.

이를 알기 위해서는 멕시코라는 나라에 대해 조금 살펴볼 필요가 있어요. 멕시코는 지리적으로는 북아메리카에 포함되고 문화권으로는 라틴 아메리카에 포함되어 있어요. 인구는 1억 3천만 명으로 전 세계에서 10위권 안에 드는 인구 규모를 가졌으며 경제 규모는 세계 15위에 위치한 국가랍니다. 그러나 국민 개개인의 생활 수준을 볼 수 있는 1인당 국내총생산(GDP)은 만 달러를 겨우 넘는 정도로 세계 70위 수준입니다.

이러한 지표들을 보았을 때 나라의 경제 규모는 상당히 크지만 그에 비해 국민 개개인의 생활 수준은 상당히 낮다고 볼 수 있어요. 또한 빈부 격차 문제가 매우 심각하여 노동 빈곤 인구(노동을 하고 있지만 여전히 가난에서 벗어나지 못하는 국민의 수) 비율은 40%에 가까워 1인당 국내총생산이 비슷한 튀르키예, 말레이시아 등과 비교하더라도 빈곤층의 비율이 매우 높은 것으로 나타났어요. 이러한 상황은 어떻게 시작된 것일까요?

멕시코는 역사와 경제, 그리고 지리적으로 가장 밀접한 국가인 미국의 영향을 많이 받았습니다. 미국에 제조업이 발달할 때 멕시코에서 노동자들이 많이 미국으로 건너갔어요. 합법적인 이민도 있었지만 불법적으로 국경을 넘는 사람들도 많아 현재까지도 미국에는 멕시코 불법 이민 문제가 있어요.

그러나 세계 경제적 흐름에 따라 미국에 있던 공장들이 비싼 인건비를 줄

이고자 중국이나 동남아시아 등 제 3국으로 옮기게 되었어요. 일할 수 있는 공장들이 줄어들면서 미국 내 멕시코 노동자들은 미국에 남을 수도, 멕시코로 다시 돌아올 수도 없는 처지가 되었어요. 또한 줄어드는 일자리 때문에 미국 내에서는 멕시코 이민자들이 미국 국민의 일자리를 모두 빼앗는다는 혐오가 발생하면서 이민자에 대한 반발이 많이 발생하였어요. 미국은 이런 분위기 속에서 국경에 장벽을 설치하는 등 이민자 문제에 대해 강하게 대처하기 시작했어요. 멕시코에서 미국으로 일자리를 구하러 가기가 어려워진 것이지요.

이러한 상황에 유럽이 미국에 경제적으로 대항하기 위해 유럽연합(EU)을 설립하였고 미국과 캐나다도 유럽연합에 대항하기 위해 북미자유무역협정(North America Free Trade Agreement)인 NAFTA를 1994년에 체결합니다. 미국, 캐나다, 멕시코에서 상품의 자유로운 이동이 가능하도록 협정을 맺은 것입니다. 협정을 맺기 전까지는 멕시코에서 생산된 물품을 수입하는 것보다 멕시코의 이민자를 받아 미국 내 공장에서 물건을 생산하는 것이 저렴한 방법이었지만, 국가 사이의 관세를 없애면서 미국이 직접 멕시코에 생산 공장을 짓고 멕시코에서 생산한 물품을 자국으로 수입하는 것이 더 저렴해졌지요.

이렇게 미국을 대상으로 한 무역이 국가 전체 무역의 80%를 차지하면서 멕시코 경제의 미국 의존도는 점점 높아졌지요. 마킬라도라 공업 지역은 이러한 모습을 잘 보여주는 장소입니다. 미국 캘리포니아 주 샌디에고시와 접하고 있는 멕시코의 국경 지역에는 공장들이 많이 있어요. 이는 국경에서 100킬로미터 거리까지 공장 설립의 자유와 들어오고 나가는 모든 설비나 부품, 완제품에 대해 관세와 세금을 면제해 준다는 정책이 시행되고 있기 때문이지요.

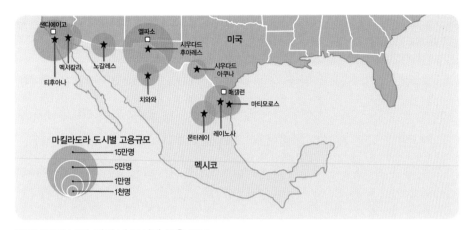

마킬라도라 공업 지역 내 도시별 고용 규모.

　이러한 마킬라도라는 대규모의 일자리 창출과 외국인, 특히 미국의 직접 투자를 통한 산업 성장으로 멕시코 수출의 증가에 기여하고 있어요. 특히 NAFTA가 시작된 1994년부터는 자동차, 첨단 산업 등 고급 노동력이 필요한 분야까지 공장 건설이 확대되면서 마킬라도라 공업 지역은 더욱 성장하였으며, 멕시코도 수출 강국으로 성장하고 있었어요.

　그러나 멕시코 경제에 긍정적인 영향을 준 NAFTA가 멕시코의 노동 시간이 많이 증가하게 된 원인이 되기도 하였답니다. 멕시코는 1980년 외환 위기 이후 경제를 성장시키기 위해 많은 외국계 투자를 받으려고 노력하였답니다. 외국계 기업들의 자유로운 경제 활동을 위해 기업에 대한 규제 철폐와 노동법 완화 등을 시행하였어요. 특히 기업 운영에 어려움이 되는 노조 설립 등을 꾸준히 막아 왔어요.

　노조가 없어지면서 노동자들이 조직화 되지 못하고 기업을 상대로 임금 협상을 진행하기 위한 목소리를 내기도 어려워졌지요. 임금 협상의 어려움을 잘 보여주는 자료로 1980년의 멕시코 최저 임금이 2010년대 최저 임금보다 두 배 이상 높았다는 연구 결과도 찾을 수 있어요.

물가는 시간이 지남에 따라 점점 높아지는데 임금은 동일한 수준을 유지하거나 더 떨어지고 있었기 때문에 노동자들은 생계를 유지하기 위한 추가 수입을 얻기 위해 노동 시간을 늘렸어요. 멕시코 대부분의 국민은 하나의 직업으로만 먹고 살기 어렵기 때문에 두세 개의 직업을 가지고, 깨어 있는 대부분의 시간을 일하면서 보내지요.

다른 이유로는 외국계 기업들이 멕시코에 들어오면서 경제 성장은 일부 외국계 기업들에게 의지하게 되었어요. 멕시코는 자국의 생산성을 높이기 위한 기술개발 투자나 장기적인 성장을 목표로 하는 국민 교육에 투자를 줄이기 시작했지요. 이러한 이유로 멕시코의 대부분 국민은 고등교육을 받지 못했고 기술 개발을 위한 연구를 할 수 있는 고급 노동력이 거의 없다시피한 상황이 되었어요.

교육 수준이 낮기 때문에 국민 대부분이 저숙련 노동에만 참여할 수밖에 없어요. 이러한 저숙련 노동은 제품의 질이 아닌 낮은 가격을 경쟁력으로 하고 있기 때문에 노동자들의 임금이 낮아지고 필수적인 생계 유지를 위해 노동 시간을 증가시키고 있는 원인으로 볼 수 있답니다.

이러한 친기업적인 정책과 낮은 교육 수준으로 인해 국민이 겪는 어려움을 보여주는 자료가 있습니다. 멕시코는 OECD 국가들 중 비정규직 및 일용직 근로자의 비율이 가장 높게 나타나요. 전체 고용 인구 중에 60% 가까이가 비정규직 근로자이며 이들의 임금 수준 또한 정규직 근로자들의 절반이 겨우 넘는 수준입니다. 비정규직 비율이 높은 우리나라와 비교하더라도 거의 두 배에 가까운 수치예요. 비정규직들은 노동법의 보호도 받지 못하며 초과근무 수당을 받지 못하는 노동을 당연시하고 있습니다.

국제 자유 무역을 추구하는 흐름은 1980년대 이후 거스를 수 없는 시대적 상황이에요. 이러한 흐름에 유연하게 대응하며 국가 경제와 국민의 생활 수준을 향상시키기 위해 우리나라는 어떠한 노력을 하고 있는지 다른 나라와 비교해 보는 것도 필요할 것 같아요.

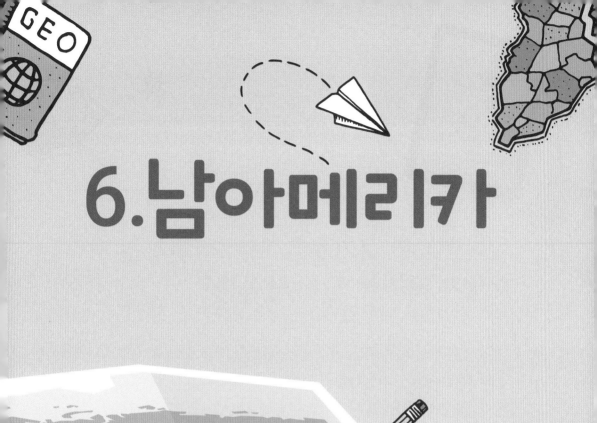

6.남아메리카

남아메리카 국가들은 역사와 환경을 어떻게 국기에 담아 냈을까?

아메리카 대륙의 남쪽에 위치한 남아메리카는 식민 지배의 아픈 역사 속에서 다양한 문화를 꽃피웠고, 그만큼 큰 잠재력을 가지고 있는 대륙이에요. 지리적으로 보았을 때 파나마라는 나라를 중심으로 북쪽을 북아메리카, 남쪽을 남아메리카라고 불러요.

우리가 잘 아는 브라질, 아르헨티나, 칠레, 페루 등이 남아메리카에 속한 나라이지요. 또 남아메리카 대부분의 국가는 지구의 남쪽인 남반구에 위치하고 있어 우리와 계절이 반대로 나타나는 특징도 가지고 있답니다. 멀리 떨어져 있어 조금은 낯선 이 대륙은 오랜 시간 침략의 아픔을 겪다 이제야 그들의 삶을 조금씩 되찾아 가고 있는 상황입니다.

지금으로부터 약 500여 년 전, 스페인과 포르투갈이 남아메리카로 침입을 하게 되고, 남아메리카에 있던 전통문화가 파괴되거나 서양 문화에 점차 자리를 빼앗기게 되었죠. 이후 1943년부터 약 1년 동안 긴 회의 끝에 스페인과 포르투갈은 서로의 땅을 나눠 가지는 것을 약속했어요.

이 약속은 토르데시야스 조약으로 남아메리카의 동쪽은 포르투갈이 가지고, 서쪽은 스페인이 가지는 것으로 결정되었어요. 그 결과 포르투갈이 지배했던 동쪽 땅은 지금의 브라질이 되었고, 스페인이 지배했던 지역은 여러 나라로 나뉘어졌답니다.

이런 남아메리카의 아픈 역사 속에 지금도 여전히 스페인과 포르투갈의 색깔이 남아 있어요. 가장 대표적으로 남아메리카 대부분의 나라에서 스페인어를 사용하고 있고, 브라질은 포르투갈어를 쓰고 있어요. 또 그들의 국가명도 식민 지배를 받던 시기에 결정되었어요. 우리가 잘 아는 아르헨티나는 스페인 식민지 시절 '은의 나라'라는 뜻에서 유래되었

1800년대 초반부터 독립한 라틴아메리카 국가들.

고, 온두라스는 콜럼버스가 처음 이곳을 발견했을 때 깊은 바다였다고 해서 스페인어로 '깊은 바다'를 뜻하죠. 반대로 바하마는 스페인어로 '얕은 물'을 뜻하는 '바하 마르'에서 유래되었어요.

니카라과는 스페인의 정복자들을 환영하고 그들의 종교인 크리스트교를 받아들인 '니카라오'라는 추장의 이름을 그대로 썼다고 해요. 에콰도르는 스페인어로 '적도'라는 뜻을 가지고 있는데, 에콰도르의 위치가 지구의 중심인 적도에 있어 이런 이름이 붙여졌어요. 다시 말해 침략자들이 부르기 쉽고, 이해하기 쉽도록 나라 이름이 만들어진 거죠. 하지만 나라 이름은 한번 정해지면 바꾸는 것이 쉽지 않아요. 그래서 식민 지배의 아픔을 지금도 여전히 가지고 살아가고 있답니다.

이런 아픈 식민지 역사를 이겨 내고, 자신들이 가진 것을 그대로 담아 내기 위해 노력한 흔적들도 있어요. 그것은 바로 국기인데요, 국기를 보면 남아메리카의 지리를 한눈에 파악할 수 있을 정도랍니다.

우선 남아메리카 여러 나라들의 국기를 살펴보면 공통적으로 나타나는 색깔 몇 가지가 있어요. 그 중 노란색을 많이 볼 수 있는데요. 가이아나, 베네수엘라, 볼리비아, 브라질, 에콰도르, 콜롬비아 등의 국기에 있는 노란색은 풍부한 광물 자원을 상징해요. 가이아나는 알루미늄의 원료인 보크사이트가 세계적으로 많이 매장되어 있는 나라 중 하나입니다. 베네수엘라는 석유가 많이 있는데, 이 석유를 무기화해서 미국과 대립하고 있는 상황이기도 해요. 볼리비아는 천연가스뿐만 아니라 자동차와 휴대 전화 배터리의 재료가 되는 리튬을 세계에서 가장 많이 가지고 있는 나라죠. 에콰도르와 콜롬비아는 금을 아주 많이 가지고 있는 나라입니다.

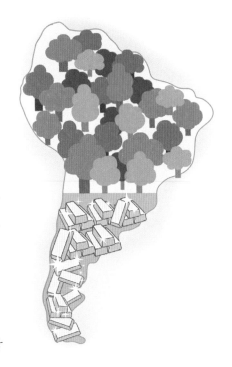

하지만 대부분의 남아메리카 국가들은 스스로 자원을 채굴하고 개발할 수 있는 능력이 부족해 지금까지도 외국의 힘을 빌려 생산을 하고 있거나, 자원을 둘러싸고 다른 나라와 갈등을 겪고 있어요. 어쩌면 그들에게 완전한 독립은 아직 이루어지지 않았는지도 몰라요.

남아메리카 국가들의 지도에 초록색도 많이 볼 수 있어요. 초록색이 있는 나라는 가이아나, 볼리비아, 브라질, 수리남

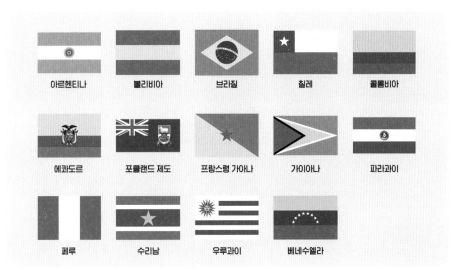

아르헨티나	볼리비아	브라질	칠레	콜롬비아
에콰도르	포클랜드 제도	프랑스령 가이아나	가이아나	파라과이
페루	수리남	우루과이	베네수엘라	

나라별 자원을 상징하는 색이 들어간 남아메리카 국가들의 국기.

등이 대표적인데 이 색깔이 의미하는 것은 바로 울창한 삼림이에요. 세계적인 규모의 울창한 삼림을 가지고 있는 브라질의 아마존을 떠올리면 바로 이해가 될 거예요. 지구의 허파라고 불리는 아마존이 브라질에만 있는 것이 아니라 수리남, 가이아나, 볼리비아에 있으니 국기에 초록색이 들어가는 것도 당연한 일입니다.

이제 막 개발에 열을 올리고 있는 남아메리카의 국가들이 지구의 허파인 삼림을 파괴하는 것에 대해 선진국들은 반발하고 있지만 그들에게는 생존이 걸려 있는 문제이기 때문에 쉽게 해결되기는 어려울 것 같아요. 대기 중의 이산화탄소를 흡수해 지구 온난화를 막을 수 있는 삼림을 선진국들 입장에서는 보호해야 하지만, 남아메리카 국가들의 입장에서는 지금까지 이산화탄소를 배출한 선진국들이 자신들에게 책임을 떠넘기는 것을 무책임하다고 받아들이는 것이죠. 자원도 환경도 어느 하나 마음대로 개발할 수 없는 그들의 아픔이 느껴집니다.

베네수엘라, 브라질, 에콰도르, 칠

아마존 열대우림을 지키는 아마존협력조약기구 회원국.

레, 콜롬비아 국기의 파란색은 푸른 바다를 뜻하는 것으로 카리브해, 태평양, 대서양을 상징합니다. 아주 좁은 육지로 북아메리카와 연결된 남아메리카는 사실상 대륙의 모든 부분이 바다와 붙어 있다고 볼 수 있어요. 자연환경을 표현한 색깔은 칠레 국기의 흰색으로도 알 수 있죠. 칠레는 아주 큰 안데스 산맥을 가지고 있는 나라로 안데스 산맥의 일 년 내내 녹지 않는 눈인 만년설을 표현하기 위해 국기에 흰색을 포함시켰답니다.

이뿐만 아니라 남아메리카 국가들이 가진 아픔의 역사를 국기에 표현한 나라들도 있어요. 베네수엘라, 에콰도르, 칠레, 페루 국기의 붉은색은 식민 지배에서 독립할 때 사람들이 흘린 피를 잊지 않기 위해서 넣은 것이에요. 그들에게 독립은 큰 상징적 의미를 가지고 있다는 뜻이겠죠?

식민 지배의 아픔과 독립의 기쁨은 여기에 그치지 않고 아르헨티나 국기에서도 볼 수 있어요. 아르헨티나 국기 가운데 있는 태양을 5월의 태양으로 부르는데, 5월은 아르헨티나가 스페인으로부터 독립하는 계기가 된 1810년 5월 혁명을 의미하죠. 마찬가지로 우루과이 국기에도 아르헨티나의 태양과 비슷한 태양이 있는데 이 또한 5월의 태양을 뜻합니다. 우루과이가 독립을 이룰 때 바로 옆에 있던 아르헨티나의 도움을 많이 받아 감사의 의미를 국기에 담아 두

5월의 태양이 들어 있는 아르헨티나, 우루과이 국기.

었죠. 지금도 아르헨티나와 우루과이는 형제의 나라로 불린답니다.

　이처럼 남아메리카의 국기에는 그들이 가진 풍요로운 자원이나 자연환경을 표현할 만큼 환경적인 잠재력이 대단한 나라들이에요. 그들이 가지고 있는 잠재력이 종종 다른 나라와 갈등을 일으키기도 하지만 자신들이 가진 환경에 대한 자부심 또한 느낄 수 있을 거예요. 또 아픔의 역사를 국가의 상징으로 남겨 둘 만큼 독립 정신을 매우 중요시하고 있다는 것도 알 수 있죠. 지금도 식민 지배의 흔적이 남아 있는 남아메리카에서는 고통을 받으며 살아가는 사람들이 많이 있습니다. 언젠가는 그들이 가진 푸른 바다와 삼림, 풍부한 자원을 완전히 그들의 것으로 활용하며 행복하게 사는 날이 오길 바라봅니다.

세계 최대의 산유국인 베네수엘라는 왜 세계에서 가장 가난한 나라가 되었을까?

여러분은 세계에서 석유가 가장 많이 묻혀 있는 나라 하면 어디가 떠오르나요? 만수르의 나라인 아랍에미리트? 아니면 중동의 실세인 사우디아라비아? 보통은 이런 중동 지역의 사막국가들을 떠올릴 텐데요. 전 세계적으로 석유를 가장 많이 매장하고 있는 나라는 남아메리카 북부에 있는 베네수엘라입니다.

하지만 현재 베네수엘라는 치안이 거의 붕괴된 상황이며, 물가 상승률이 2018년 기준 무려 13만 퍼센트에 달하는 하이퍼 인플레이션 상황입니다. 하이퍼 인플레이션이란 물가 상승률이 심각하게 악화되어 더 이상 인간의 노력으로 수습할 수 없는 상태일 때 사용하는 경제학적 용어랍니다. 세계 최대 산유국인 베네수엘라는 왜 이러한 상황이 되었을까요?

원인을 찾기 전에 현재 베네수엘라의 상황을 조금 더 자세히 알아보도록 하죠.

가장 먼저 베네수엘라의 물가를 살펴보겠습니다. 2018년 하이퍼 인플레이션을 겪은 후 베네수엘라의 생필품 물가는 평범한 서민들이 살아가기 힘들 정도가 되었어요. 물가 상승률이 얼마나 높은지 물건을 사기 위해 지불해야 하는 돈이 너무 많이 필요하여 돈의 무게를 재서 거래를 하게 되었어요. 돈을 수레로 끌고 다닐 정도가 되자 화폐 거래가 부담이 된 사람들은 물물교환을 선호하게 되었어요. 또한 지폐로 가방을 만들 정도로 화폐 가치가 떨어지게 되었지요. 어려운 경제 상황에 맞물려 생필품 공급이 원활하지 않아 대부분의 국민이 이미 상태가 좋지 않은 음식물을 먹으며 지내고 있다고 합니다.

두 번째로는 공공 행정과 치안 부분이 완전히 무너져 내렸다는 점입니다. 현재 베네수엘라는 범죄율과 살인율이 2016년 이후 줄곧 세계 1위 자리를 지키고 있답니다. 또한 세계에서 가장 위험한 도시 1위에 베네수엘라의 수도인 카라카스가 꼽히고 상위 50개 도시 중 여덟 개가 베네수엘라의 도시랍니다.

국가에서는 공무원들의 월급을 제대로 지불하고 있지 못하기 때문에 공공 서비스 부분도 완전히 망가졌어요. 경찰이 외국인들을 대상으로 범죄를 저지르고 학교에서는 교사들이 직장을 관두어 학생들끼리 수업 시간을 보내고 있는 모습을 볼 수 있어요.

이러한 베네수엘라는 사실 10년 전만 해도 모두가 꿈꾸는

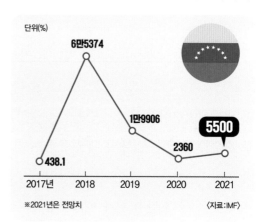

단위(%)

6만5374

1만9906

5500

438.1

2360

2017년   2018   2019   2020   2021

※2021년은 전망치

〈자료:IMF〉

베네수엘라의 살인적 물가 상승률.

세계 최대의 복지 국가였어요. 그러나 현재는 세계에서 가장 위험한 국가가 되었지요. 이러한 상황이 만들어지게 된 가장 큰 원인

화폐 가치가 떨어져 지폐로 만든 가방.

은 아이러니하게도 세계에서 가장 많이 가지고 있는 석유 때문입니다. 베네수엘라의 가장 큰 혜택이던 석유는 왜 베네수엘라를 어렵게 만들었을까요?

베네수엘라는 1922년부터 석유 개발에 성공하여 대규모 석유 수출을 해 온 1세대 산유국이고 줄곧 세계 석유 시장의 주요한 공급자 역할을 하였어요. 1950년대 다른 나라들은 제2차 세계 대전의 여파를 회복하기 위해 노력하고 있을 때 베네수엘라는 석유를 전 세계에 공급하며 국내총생산 세계 4위의 경제 대국이 되기도 하였지요.

또한 1970년대 이스라엘을 지지하는 미국을 겨냥하여 중동의 사우디아라비아, 이집트 등이 석유 가격을 크게 올렸던 오일쇼크로 인해 오른 석유 가격만큼 이익을 고스란히 보기도 했지요. 1970년대 베네수엘라는 현재 잘사는 중동 국가들과 맞먹을 정도의 국가 경제력과 부를 가지고 있었어요. 이렇게 석유만 수출해도 나라가 충분히 먹고 살 만한 경제력을 갖출 수 있었기 때문에 베네수엘라는 전통적인 농업 및 축산업이 쇠퇴하기 시작하였고 다른 산업 개발에 대한 노력도 거의 없었답니다. 아이러니하게도 석유를 통해 누릴 수 있

던 국가의 부 때문에 국가의 위기가 찾아오고 있었어요.

오일쇼크로 크게 상승한 석유 가격이 1980년대부터 정상적인 가격으로 내려가던 시기에 베네수엘라는 석유에 의존하던 경제로 인해 큰 위기를 맞이하게 됩니다. 국가의 경제가 어려워지자 부의 양극화는 더욱 심화되었으며 국가의 재정이 튼튼할 때 시행하던 복지 정책들도 하나 둘 사라지기 시작했어요. 부의 양극화와 복지 정책을 줄이면서 국가 내 갈등이 극에 달했답니다.

이 시기에 우고 차베스라는 정치인이 등장했어요. 경제 회복을 위해 노력하겠다는 발언으로 국민들의 지지를 얻어 가던 우고 차베스는 1999년 대통령에 당선되었어요. 대통령이 된 이후 사회주의 정책을 내세우며 빈곤층의 무상 교육 및 무상 의료를 제공하며 집권 초반에는 국민을 위한 정책이 성공을 거두는 듯 보였지요. 이러한 상황과 맞물려 2000년대 초반 석유 가격이 다시 상승하며 베네수엘라의 경제가 회복되었고 차베스는 베네수엘라 국민들의 마음을 확실히 사로잡을 수 있었어요.

다만 석유 판매를 통해 얻은 경제적 이익을 국민의 복지에 모두 쏟아붓다 보니 다른 산업을 개발하기 위한 노력은 하나도 없었답니다. 석유 가격이 오를 때는 국가가 부유해지고 석유 가격이 떨어질 때는 국가의 경제가 어려워지게 된 경험이 있었음에도 우고 차베스는 자신의 인기를 위하여 복지 정책에만 힘을 쓸 뿐, 국가 산업을 다양하게 성장시키기 위한 노력을 하지 않았어요.

베네수엘라는 석유 가격에 의해 언제든지 또 경제 상황이 안 좋아질 수 있는 시한 폭탄과 같은 상황이었지요. 이 상황에서 차베스는 하나의 정책을 더 시행합니다. 바로 석유 산업을 국가 소유로 바꾸는 것이지요. 베네수엘라가 가지고 있는 석유는 채굴 후 정제가 필요한 중질유였어요. 석유에 불순물이 섞여 있기 때문에 정제를 거친 후 판매가 되어야 했지요. 이러한 정제에는 고도의 기술이 필요하기 때문에 외국계 정유 회사가 그 일을 담당하고 있었어요.

우고 차베스는 외국계 정유 회사 때문에 나라의 부가 해외로 빠져나간다고 생각하여 2007년 석유 국유화 정책을 통하여 외국계 정유 회사를 강제로 퇴출시키기 시작했어요. 그러나 1920년대에 건설되어 낡아 버린 정유 시설을 재설비할 기술력이 없었던 베네수엘라는 최악의 결과를 맞이하게 됩니다. 석유 정제를 하지 못해 석유를 수출하기 어려워졌기 때문이에요. 결국 세계 최대의 석유 매장량을 가지고도 기술력 부족으로 석유 수출을 하지 못하는 나라가 되어 버렸지요.

베네수엘라의 경제가 점점 악화되어 가고 있는 상황에서 2013년 우고 차베스가 세상을 떠났고, 그 후임자인 현 베네수엘라의 대통령 니콜라스 마두로가 우고 차베스의 정책을 그대로 이어가게 됩니다. 또한 2010년대 중반 석유 가

격이 크게 떨어지고, 마두로 대통령의 반미 정책으로 인해 미국의 경제 재제가 시작되면서 안 그래도 위태롭던 베네수엘라의 경제는 결국 크게 흔들렸어요. 경제 위기를 극복하기 위해 마두로 대통령은 화폐를 대량으로 찍어 냈고 이로 인해 화폐 가치가 폭락하여 하이퍼 인플레이션이 발생하였어요. 이렇게 베네수엘라의 경제는 완전히 파탄 나 버렸습니다.

베네수엘라의 경제가 코로나 이후 조금씩 회복이 되고 있어요. 세계 선진국들이 러시아-우크라이나 전쟁 이후 새로운 석유의 공급처로 베네수엘라를 생각하고 있기 때문이지요. 과연 이번에는 베네수엘라가 과거의 실수를 되풀이하지 않을지 지켜보는 것도 흥미로울 것 같습니다.

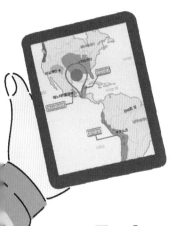

라틴 아메리카가 아니고
인도 아메리카라고요?

멕시코의 국보 화가라고 불리는 프리다 칼로(1907-1954)를 알고 있나요? 흔히
초현실주의 화가로 알려져 있지만 작품에 멕시코의 전통문화와 현실을 잘 담
아낸 예술가로도 유명합니다.

아래 그림은 프리다 칼로가 그린 버스 안 풍경을 따라 그린 것이에요. 교통

수단을 이용하고 있는 사람들의 모습이 어떠한가요? 젊은 멕시코 여성, 근로자, 맨발의 원주민 여성, 창밖을 바라보는 소년, 백인 부르주아들이 보이네요. 아메리카 대륙은 지리적으로 다른 대륙과 멀리 떨어져 있어서 인류가 가장 늦게 정착한 땅이지만, 아메리카 대륙에서는 굉장히 다양한 민족과 인종을 만날 수 있어요.

평온해 보이는 '버스' 작품과는 달리 아메리카 대륙은 치열한 영토 분쟁과 지리적 제약을 극복하기 위해 노력하고 있는 땅입니다. 어떤 과정으로 많은 민족과 인종이 섞여 살아가게 된 것인지, 멕시코, 콜롬비아, 페루, 브라질, 아르헨티나 등이 있는 라틴 아메리카를 들여다볼까요.

아메리카 대륙은 보통 지리적으로 파나마 지협을 경계로 북아메리카와 남아메리카로 구분하고, 문화적으로 리오그란데강을 기준으로 앵글로아메리카와 라틴 아메리카로 구분해요. '라틴 아메리카'라는 말은 스페인과 포르투갈의 영향을 많이 받은 아메리카에서 라틴족과 라틴 문화의 지위를 높이기 위해 프랑스의 나폴레옹 3세가 처음 쓰게 했어요. 이러한 논리에 따라 영국의 앵글로색슨족이 지배한 미국과 캐나다 지역은 앵글로아메리카로 부르게 되었지요. 이렇듯 아메리카 대륙을 구분하는 이름에서도 유럽인의 문화적, 역사적 동질성을 강조하는 표현이 담겨 있는 것이죠.

그러나 유럽인들이 오기 이전에 이곳에도 이미 마야 문명, 아스테카 문명, 잉카 문명 등 독자적인 고대 문명이 있었어요. 그런데도 라틴 아메리카라고 하는 명칭은 이곳을 정복한 유럽인의 시각으로 원주민의 문화와 역사를 제외하고 붙인 것이지요. 그래서 최근에는 원주민인 인디오에 아메리카를 더해 인도 아메리카로 부르자는 주장도 나오고 있어요. 그렇지만 안타깝게도 전체 라틴 아메리카에서 원주민 비율은 이제 약 10% 이내밖에 되지 않는다고 해요.

현재 남아 있는 라틴 아메리카 원주민은 약 4천만 명으로 이 지역 전체 인구의 8.3% 정도로 추정됩니다. 절대적 인구로 보았을 때는 멕시코가 1,700만 명으로 가장 많고, 페루가 그 다음으로 약 700만 명에 이르러요.

절대적인 인구는 크지 않지만 전체 인구 대비 원주민의 비율이 가장 높은 나라는 볼리비아예요. 전체 인구의 약 60%에 달한답니다. 그 다음으로 과테말라가 41%, 페루는 약 24%를 차지하고 있어 과거 고대 문명이 발달했던 지역에서 원주민 비율이 높아요. 반대로 원주민 비율이 가장 낮은 나라는 어디일까요?

유럽계가 대부분을 차지한 아르헨티나예요. 원주민 비율이 전체 인구의 1%에 미치지 못한답니다.

대서양 연안 국가에 있는 스페인과 포르투갈은 지리적으로 다른 유럽 국가들에 비해 해양 팽창에 유리했어요. 1492년 탐험가 크리스

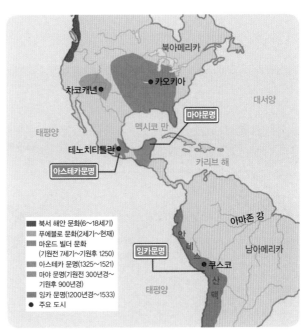

유럽인이 오기 전 고대 문명이 발달한 아메리카 대륙.

토퍼 콜럼버스가 아메리카를 발견한 이후 스페인과 포르투갈 사람들은 지하자원 개발을 목적으로 이곳으로 이주하기 시작했어요. 철제 무기와 말을 사용해서 전투하는 유럽인들과 아직 석기를 쓰고 있었던 아메리카 원주민들 간에는 힘의 차이가 너무 컸어요. 그래서 이 지역은 일찍이 서양 제국주의 국가들에 의해 빠르게 개척되었지요.

아메리카를 점령한 스페인, 포르투갈 정복자들은 금광과 은광을 개발하고 담배, 사탕수수, 면화 등의 작물을 재배하였어요. 많은 원주민의 노동력이 필요했기 때문에 북아메리카에 이주한 유럽인들과는 달리 원주민을 몰살하거나 보호 구역으로 몰아넣지 않고 그들과 공존하며 살아갔지요.

안데스 지역은 주로 인디오 원주민과 백인의 혼혈이 이루어진 반면, 원주민 수가 부족했던 대서양 연안과 카리브해의 국가들에서는 부족한 노동력을 보충하기 위해 아프리카에서 흑인 노예들을 데려왔어요. 브라질을 중심으로

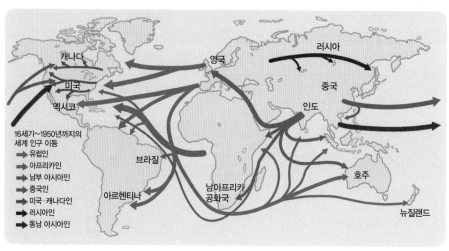

유럽에서 아메리카로 이동한 인구.

베네수엘라와 카리브해의 쿠바 등지에 끌려온 아프리카 노예 수는 미국으로 간 흑인 노예 수의 수십 배에 달했다고 해요. 이렇게 오늘날 라틴 아메리카는 원주민, 유럽계, 아프리카계, 그리고 이들 사이에서 태어난 혼혈인 등 다양한 민족과 인종으로 구성되었습니다.

유럽인들은 아메리카의 자원을 해안 지역으로 끌어와서 해외 시장으로 수출하는 데 집중하였어요. 그래서 오늘날 남아메리카의 도시는 주로 해안 지역에 위치해요. 생산된 물건을 실어 나를 철도와 항만을 앞다투어 건설하여 항구로 연결했고요. 내륙으로부터의 도로는 수도로만 이어지고 나라 곳곳까지 연결되지 못했어요.

라틴 아메리카의 많은 국가들이 유럽인으로부터 독립이 이루어진 뒤에도 대다수 유럽 출신 해안 엘리트들은 내륙에 투자하지 않고 있어요. 이 때문에 인구가 모이더라도 내륙 지역은 서로 연결되지 못한 채 빈곤한 상태로 남게 되었어요. 그 결과 라틴 아메리카 중 중앙아메리카를 제외하면 가장자리만 발달하고 가운데가 텅 빈 대륙이 되었답니다.

오늘날 라틴 아메리카의 많은 국가들이 민주주의를 강화하고 사회적 불평등을 줄이기 위한 노력을 기울이고 있어요. 인구 성장률이 높고 다양성과 문화적 풍부함을 자랑하는 역동적인 대륙의 힘을 기대해 봅니다.

좁기 때문에 지리적 수혜를 받은 파나마를 아시나요?

아메리카 대륙에는 크기는 작지만 세계에 미치는 영향력이 굉장히 큰 나라가 있어요. 북아메리카와 남아메리카를 잇는 가장 잘록한 부분에 위치한 바로 파나마예요. 파나마는 북아메리카 최남단인 파나마 지협에 위치하는데, 지협이란 두 개의 육지를 연결하는 좁고 잘록한 땅을 말해요. 아메리카 대륙이 남북으로 뻗어 있는 것과 달리 파나마는 동서 방향으로 좁은 국토가 형성되어 있지요.

사실 지리적으로만 보면 파나마는 우리나라의 3/4 크기밖에 되지 않고 국토가 산악 지대와 밀림 지대로 형성되어 있어 국가가 성장하기에 크게 유리하지 않은 곳이에요. 그러나 이곳을 사이에 두고 태평양과 대서양이 서로 맞대고 있다는 지리적 조건 덕분에 지정학적으로 굉장한 수혜를 입을 수 있었답니다.

사람들은 파나마만 지날 수 있다면 두 대양을 자유롭게 오갈 수 있을 텐데 라는 상상을 했고, 그것을 실제로 가능하게 만들었어요. 바로 파나마 운하 건설이에요. 운하란 배 운항이나 물류 등을 위해 땅을 파내고 그 자리에 인공적으로 뱃길, 수로를 놓은 것을 말해요. 이곳의 지협을 파서 물길을 낸 길이 80km의 파나마 운하는 대서양과 태평양을 아메리카 대륙 중간에서 이어 주는 관문으로 지중해와 인도양을 잇는 이집트의 수에즈 운하와 함께 세계 양대 운하로 손꼽히고 있답니다. 하지만 파나마 운하가 건설되고 파나마 국민에게 운하가 돌아오기까지 과정은 쉽지 않았어요.

19세기 해상 교통의 발달로 대서양과 태평양 사이의 교류가 나날이 늘어나고 있었어요. 그러나 북아메리카의 북쪽 끝으로 가는 길은 육지와 얼음이 가로막고 있어서 북쪽으로 돌아서 가는 일은 불가능했고, 남아메리카의 남쪽 끝을 돌아서 항해해야만 했어요.

하지만 남아메리카의 남쪽 끝을 돌아가는 항로는 매우 오래 걸렸고 위험했지요. 매우 좁은 마젤란 해협을 힘들게 통과하거나, 혼곶 주위의 드레이크 해협을 통과해야 해요. 이곳은 강풍과 거대한 파도와 빙하의 위협을 받아 위험하기 그지없는 곳이에

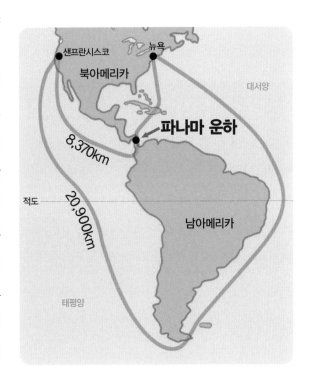

요. 그래서 사람들은 파나마로 눈을 돌렸답니다.

19세기 당시 파나마 지협은 콜롬비아의 한 지역이었어요. 프랑스 외교관 출신 레셉스는 수에즈 운하를 완성한 경력을 앞세워 두 바다를 잇는 운하 건설을 추진하려고 했지요. 그는 꾸준히 콜롬비아 정부를 설득해 건설 계약을 따냈어요.

1881년 역사적인 파나마 운하 공사가 시작되었어요. 많은 노동자가 파나마 운하 건설에 뛰어들었지요. 그 중엔 프랑스의 유명한 화가 폴 고갱도 있었어요. 당시 고갱이 아내에게 쓴 편지를 보면 파나마 운하 건설 현장은 다시 돌아가고 싶지 않은 악몽처럼 묘사되어 있어요.

'나는 아침 5시 반부터 저녁 6시까지 열대의 태양 아래 또는 빗속에서 땅을 파야 했소. 밤이면 모기들한테 뜯어 먹혔지.'

파나마 지협은 사람이 살기에 적합하지 않은 곳이었어요. 원래 그곳에 살던 원주민과 흑인은 괜찮았지만 백인은 사정이 달랐어요. 파나마 지협으로 간 백인 세 명 중 한 명은 열병으로 죽었지요. 예상보다 복잡한 지형과 이에 따른 엄청난 공사비도 문제였어요. 결국 운하를 파는 공사는 진척되지 않아 프랑스는 착공 9년 만에 운하 공사 자체를 중단하고 말았답니다.

작은 국가인 파나마는 운하 공사를 진행할 돈이 없었어요. 그러자 이곳의 가치를 알고 있었던 미국이 손을 내밀었고, 파나마는 이 땅을 미국에 영구적으로 임대하는 것으로 공사를 재개하기로 했습니다. 하지만 미국이 공사를 시작하려면 콜롬비아 정부의 허가가 필요했어요. 당시 콜롬비아 정부는 미국이 큰 이익을 가져갈 것을 알았기 때문에 운하 건설 허가를 내주기를 거부했지요. 그래서 미국은 파나마의 독립 운동을 뒤에서 지원했고, 파나마 독립 이후 안정적으로 운하 건설을 시작했습니다.

미국은 프랑스가 했던 실수를 반복하지 않기 위해서 운하 지대를 먼저 백인이 살기에 적합하도록 만들어야겠다고 생각했어요. 유명한 의사를 이곳에 보내 파나마 지협에서 백인들의 사망률이 높았던 원인이 다름 아닌 작은 모기 때문이라는 사실을 밝혀 냈어요. 말라리아와 황열병을 일으키는 모기들을 박멸하기 시작했어요. 모기가 엄청난 수의 알을 낳는 늪지대를 제거해서 운하 지역을 건강하게 살 수 있도록 바꿨지요.

미국은 땅 위에 수로를 놓았고, 수로의 물은 원래 이 지역에 있는 강과 호수를 이용해서 채웠어요. 결국 1903년부터 1914년까지 총 7만여 명의 노동력을 투입해 파나마 운하를 완성했어요. 길이 약 80킬로미터, 항해에 약 8시간이 걸리는 파나마 운하 덕분에 대서양에서 태평양까지 가는 선박들은 남아메리카를 도는 항로에 비해 무려 12,874킬로미터와 2주일이라는 시간을 절약할 수 있게 되었어요.

미국은 85년간 파나마 운하를 독점 관리하면서 막대한 이득을 거뒀고, 2000년이 되어서야 파나마 운하의 소유권이 파나마 정부로 넘어왔어요. 파나마 해협은 여전히 세계

대서양과 태평양을 연결해 준 파나마 운하.

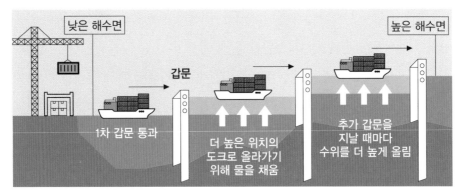

낮은 해수면

높은 해수면

갑문

1차 갑문 통과

더 높은 위치의
도크로 올라가기
위해 물을 채움

추가 갑문을
지날 때마다
수위를 더 높게 올림

파나마 운하의 통과 구조.

무역과 물류에서 굉장히 중요한 교역로예요. 해마다 1만 4000척의 배들이 이곳을 이용하지요. 2016년에는 파나마 운하가 확장되어 큰 배들도 다닐 수 있게 되었어요. 이는 파나마 경제에 큰 도움이 되고 있어요. 이 물길을 이용하는 비용은 배의 크기와 무게에 따라 다른데, 짐을 가득 실은 컨테이너선은 수억 원을 내야 한답니다.

파나마 운하는 대표적인 갑문(閘門)식 운하예요. 지형적 특성으로 평평한 운하를 파기 힘들었기 때문에 물길 중간에 여러 갑문을 설치해 물을 채우고 빼가면서 배를 계단식으로 통과시키는 방식으로 건설하였지요.

오늘날 파나마는 중앙아메리카 국가 중 3차 산업 비중이 가장 높은 국가예요. 파나마 운하와 콜론 자유무역 지대, 금융 센터, 허브 공항 등 세계 시장과 긴밀히 연결된 금융 및 무역·물류 인프라를 잘 갖추고 있어요. 자신의 지리적 힘을 잘 알고 발전시키고 있는 파나마의 성장이 어디까지 계속될지 기대되지 않나요?

남극은 왜 주인 없는 땅으로
남아 있을까?

'북극이 추울까? 남극이 추울까?'

친구들과 이런 고민을 해 본 적이 있나요? 두 군데 모두 너무 추워 사람이 살기 어려운 지역이지만 남극이 북극보다 훨씬 더 춥다는 사실, 알고 있었나요? 우리가 생각하기에는 북극과 남극 모두 극지방인데 왜 기온 차이가 나타나는 걸까요?

질문에 대한 답은 대륙과 바다의 차이점에서 찾을 수 있어요. 북극은 대륙이 아닌 북극해가 얼어 형성된 곳이지만 남극은 하나의 대륙으로서 땅 위에 얼음이 쌓인 곳이기 때문이에요. 따라서 북극해에서는 바다가 태양열을 그대로 흡수하지만 남극은 대륙으로 이루어져 있어 빙하가 햇빛을 반사해요.

이러한 지형적 차이가 두 지역의 기온 차이를 만들어 낼 뿐만 아니라 각 지역의 풍경 또한 다르게 만들어요. 남극은 대륙이기에 다양한 지형 활동이 이루어져 화산 폭발이 일어나기도 하고 뜨거운 김이 솟아오르는 온천도 있어요.

남극과 북극의 지형적 차이.

반면 북극은 바다가 얼은 곳이기에 화산을 발견하기 어렵지요. 그래도 얼음 밑 바다 속에서 화산이 폭발한다고 합니다. 정말 신기한 현상이죠?

북극과 남극의 차이점은 평균 기온 말고도 다양한 분야에서 찾아볼 수 있어요. 북극 지역에는 예로부터 이누이트, 사미 등 원주민이 살았지만 남극에는 원주민이 살지 않아요. 현재 남극에 살고 있는 사람들은 원주민이 아닌 남극을 연구하기 위해 들어간 외국인인 것이죠. 따라서 순록을 유목하고 추운 기후에 적응하는 극지방의 독특하고 고유한 문화는 북극 원주민에게서만 나타나요.

이처럼 잘 알려져 있고 많이 연구된 북극과는 달리 남극은 오랫동안 미지의 세계로 남겨져 있었어요. 그러나 21세기 들어 남극은 자원의 보고로 알려지며 전 세계적으로 주목받는 대륙이 되었어요. 과연 남극에는 어떠한 자원들이 분포하며 이를 이용하기 위해 여러 나라들이 어떤 노력을 기울이고 있는지 살펴볼까요?

　넓은 면적을 지닌 남극 대륙은 주인이 없어요. 과거에는 주인이 없는 영토는 그 땅을 실효적으로 지배하는 국가가 차지했지만, 남극의 경우에는 국제적으로 예외를 두기로 약속했어요. 남극 대륙을 아무도 차지하고 싶어하지 않아서가 아니라, 남극 대륙의 조사를 평화적인 분위기 속에서 진행하고 과학의 발전을 꾀하기 위함이에요.

　여전히 남극을 차지하고 싶어하는 영국, 프랑스, 아르헨티나, 칠레, 노르웨이, 호주, 뉴질랜드 등 많은 국가들이 이곳에서의 영유권을 주장하지만 2048년까지는 아무도 남극을 차지할 수 없어요. 바로 1959년에 체결된 남극 조약 덕분이지요.

　남극 조약에 따르면 남극 대륙은 평화적 목적으로만 이용 가능하고 이곳에서는 군사적 행동이나 핵무기 실험을 하는 것이 불가능해요. 남극을 인류의 공동 유산으로 남겨 두며 보존하기 위한 것이죠. 이 조약 덕분에 아직 미지의 세계로 남아 있는 남극의 과학 탐사가 협력적인 분위기 속에서 이루어질 수 있답니다.

　그러나 남극 조약도 영원하지는 못하다는 문제점이 남아 있어요. 남극 조약의 효력이 끝나는 2048년이 되면 남극을 둘러싼 강대국들의 분쟁이 일어날 가능성이 있기 때문이에요. 지구의 남쪽 끝에서 전 세계가 주목하는 대규모의 해양 분쟁이 시작될지도 모르겠네요. 남극을 둘러싸고 여러 나라가 이를 차지하기 위해 다투는 이유는 무엇일까요?

　남극이 가진 지정학적 가치는 아직 다 밝혀지지 않아 무궁무진하지만 지금

까지 나온 바를 통해 정리한 이유는 다음과 같아요. 우선 남극에는 풍부한 자원들이 매장되어 있어요. 춥고 황량한 땅 아래에는 마치 숨겨진 보석과 같이 엄청난 양의 석탄, 철, 구리, 금, 은, 동 등 다양한 광물 자원과 석유, 메탄 하이드레이트와 같은 에너지 자원이 묻혀 있어요. 물론 북극에도 많은 자원이 매장되어 있지만 남극의 자원은 아직 개발되지 않은 상태로 보존되어 있기에 많은 나라가 남극에 주목하고 있지요.

북극에서 석유, 천연가스 등 에너지 자원이 고갈되고 남극 조약의 효력이 사라진다면 사람들이 자원 채굴을 위해 향할 다음 목적지는 남극이 될 거예요. 아직은 남극에서의 자원 개발이 불가능하지만 우리나라와 같이 자원이 부족한 나라에서는 남극의 자원이 또 다른 희망이 될 수 있지요. 미래의 자원 확보를 위해 우리나라 과학자들도 남극에서 과학 탐사를 적극적으로 수행하고 있어요. 남극 대륙 밑의 지하 자원과 어족 자원을 확보하기 위한 연구를 지속한다면 남극 조약 회원국들은 남극의 자원을 좀 더 가치 있게 사용할 수 있지 않을까요?

지하 자원뿐만 아니라 남극이 하고 있는 다양한 역할들을 살펴볼까요?

남극은 지구 대기의 오존층 파괴 정도를 측정하기에 적합한 환경을 갖추고 있어요. 원래 성층권에 형성된 오존층은 태양으로부터의 자외선을 흡수하여 지표의 동식물을 보호해 주는 기능을 해요. 만약 오존층이 없다면 식물은 말라 죽고 사람들은 피부암에 걸릴 거예요. 그렇기 때문에 오존층이 얼마나 파괴되었는지 관측하는 일이 중요해요.

특히 남극 상공의 대기권에서 오존층 파괴가 빠르게 일어나고 있어 이곳의 대기를 관측한 정보를 토대로 오존층 파괴에 대응하기 위한 계획을 세울 수 있어요. 또한 남극의 빙하를 이용해 과거 대기 성분을 유추할 수 있어요. 빙하 속에 깊이 구멍을 뚫어 채취한 얼음 기둥 속에는 과거의 대기 성분과 기후에 대한 기록이 나이테처럼 새겨져 있어, 이를 연구하면 과거 지구 형성의 비밀을 풀 수 있는 열쇠가 될

우리나라 최초 쇄빙선인 아라온호.

내륙 기지 한국 기지

인도양

대서양

동부빙상

일본

세종기지

미국 중국

러시아

남극점

서부빙상

프랑스
이탈리아
(공동)

태평양

장보고기지

남극 내륙 기지들 현황.

지도 모른답니다.

우리나라도 1980년 대부터 본격적으로 남극을 연구하기 위해 다양한 남극 개발 활동을 펼치고 있어요. 1988년 킹조지 섬에 건설된 세종 과학 기지는 우리나라 최초의 남극 과학 기지로, 이곳의 과학자들은 남극의 극지 생물, 빙하, 지형, 지질, 지진파 등을 관측하며 다양한 극지 연구를 수행하고 있어요.

2014년에는 세종 과학 기지에 이어 또 하나의 과학 연구 기지인 장보고 과학 기지를 건설했어요. 기존 세종 과학 기지가 오세아니아 대륙 쪽에 가까이 위치해 있었다면, 장보고 기지는 남아메리카와 가까이 지어져 세종 기지와는 또 다른 임무를 수행할 수 있습니다. 이곳에서는 남극 중심부와 해안 연구를 주로 진행하며 우주과학 연구도 이루어지고 있습니다.

이처럼 남극은 아직 우리에게 알려지지 않은 부분이 많은 생소한 지역입니다. 앞으로 남극의 자원을 둘러싸고 펼쳐질 국가 간 분쟁에 앞서 우리나라의 남극 연구 지원이 더욱 적극적으로 이루어져야 할 것입니다.